經濟評論家父親給兒子的一封信

關於金錢、人生與幸福

山崎元——著　　林佩瑾——譯
HAJIME YAMAZAKI

経済評論家の父から息子への手紙：お金と人生と幸せについて

推薦序

它像一面鏡子，映照出我們對金錢與幸福的種種思考

畢德歐夫

當我收到出版社寄來的《經濟評論家父親給兒子的一封信：關於金錢、人生與幸福》書稿時，心中不禁浮現了一個場景：一位病危的父親坐在書桌前，燈光微微映照著他專注的臉龐，筆尖在紙上遊走，字裡行間都是對兒子的殷殷期盼。這是對抗病魔已久、不久於世的父親，送給剛成年的孩子最後的禮物。

這不僅是一封信，更是一個父親傾注一生經驗、智慧與對未來深切期待的真情流露。而作為讀者的我們，何其有幸能以旁觀者的身分一窺這段寶貴的親子對話，並從中汲取自己的人生啟發。

本書作者是一位經濟評論家，站在理性與數據的基石上，卻寫出了感性的文

字。他開篇便指出，金錢不是人生的目的，而是手段。這樣的話語，從一位經濟評論家口中說出來，似乎有些反常，但也因此更加打動人心。或許，正是因為他深知金錢在現代生活中的重要性，他更希望兒子理解，金錢應該如何成為一種有益的工具，而非束縛人生的枷鎖。

這跟我過去每一天在專欄書寫的文字有異曲同工之妙。我期盼可以用一點影響力，幫助更多網友，造福更多不懂投資理財領域的讀者。

書中提到「昭和那一代的工作觀」，這讓我不禁想起自己的父母。他們那一代人普遍追求穩定的工作，認為穩定就是一切，例如進入大企業、當公務員或從事被認為有保障的專業職業。我的父母因為自己是基層的勞工，畢生都認為能坐辦公室，就意味著可以領到很高的薪酬，事實上，這些都是舊觀念了。本書作者也提到上一代人以長時間的勞動換取穩定收入，期待能在一個組織中安然度過職業生涯。對於這樣的工作模式，作者並未全盤否定，但他提出了一個警醒：時代已改變，舊有模式未必再適用於新時代的競爭環境。

閱讀這些文字，我感受到一種穿越時空的對話。作者試圖告訴他的兒子，現代社會中，個人自由與效率是至關重要的價值。他建議年輕人不要過度依賴傳統的就業路徑，而是要勇於冒險，嘗試不同的可能性。例如，他提到善用股票、參與新創企業，甚至自行創業，這些建議或許聽起來有些冒險，但他緊接著以理性的分析來佐證其可行性。

讓我印象深刻的是作者提倡要「適度冒險」。他說，如果某件事的風險並不會讓你一敗塗地，那麼它就值得嘗試。這不禁讓我反思：我們是否常常因為害怕失敗，而錯過了可能改變人生的機會？是否因為不敢冒險，而讓自己停滯不前？這些問題或許沒有標準答案，但它們確實挑戰了我們對風險與穩定的傳統看法。

全書的核心，不僅在於如何賺錢，還在於如何管理金錢，讓金錢服務我們的人生。作者強調「長期、分散、低成本」的投資原則，這些建議或許並不新奇，但以一個父親的身分娓娓道來，卻多了幾分溫暖與說服力。他特別提到，財富的累積並非為了滿足無止境的物質需求，而是為了獲得自由，進而追求更有意義的生活。

在這些理性的建議之上，作者更進一步談論了幸福的本質。他提醒兒子，不要讓金錢成為衡量幸福的唯一標準，也不要被世俗的價值觀綁架。我尤其喜歡他提到「與聰明、有趣和真誠的人交往」，這是一種對幸福的質樸詮釋：幸福不是擁有多少金錢，而是能與值得的人分享生活的點滴。

作為一名普通的讀者，我既沒有作者那樣深厚的經濟學識，也沒有書中兒子那樣的青春年少，但這本書卻深深觸動了我。它提醒我們，在忙碌的生活中，不妨停下來思考：我們究竟為何而忙？我們的努力是否朝向真正的幸福？

尤其在現代社會中，我們常常被「成功」的定義困擾：高薪、名望、穩定的職業。這些外在的標籤，真的能帶給我們內心的滿足嗎？作者以自己的經驗告訴我們，答案未必如此。我們需要一個更全面、更深刻的成功觀，那就是將金錢作為達成目標的工具，而非成為目標本身。

最後，我想說，這本書真正讓我感動的地方，不在於它提供了多少實用的建議，而在於它的真誠。作者並未將自己塑造成一個完美的父親或無所不知的導師，相反地，他坦誠分享了自己的困惑與遺憾，試圖用這些經歷為兒子鋪就更好的道路。這樣的父愛，不是簡單的物質支持，而是一種深刻的智慧傳承，讓人動容。

如果你是正在為未來迷茫的年輕人，這本書能給你啟發；如果你是正在努力工作的中年人，這本書能讓你重新審視人生的方向；如果你是已為人父母的長輩，這本書能幫助你思考，該如何在這個複雜的時代為孩子指明道路。

《經濟評論家父親給兒子的一封信》不僅是一封信，它更像是一面鏡子，映照出我們對金錢、工作與幸福的種種思考。願你能在閱讀中，找到屬於自己的答案，也願每個人都能在這個瞬息萬變的時代，擁有更加自由與幸福的人生。

（本文作者為暢銷理財作家，著有《最美好、也最殘酷的翻身時代》）

推薦序

工作與生活觀的醒世洪鐘

愛瑞克

此書雖然是寫給兒子的生涯發展建議，卻也是對廣大新世代年輕人的醒世洪鐘，無論對工作、生活或建立人生價值觀都很受用。書中有許多觀點都與我的人生發展歷程相呼應，讓我讀來深有共鳴！

首先，是在工作上的建議，顛覆了過去許多刻板教條，作者強調：「不要遵從『磨練自己、避免風險、腳踏實地賺錢』的老生常談，應該學習新時代的賺錢訣竅。」這完全否定了上一代的成功格言啊！

我很認同作者的觀點。上一代長輩們參與了製造業爆發成長的黃金年代；然而，來到了現在這個以服務業為主的時代，多變、多元化的職場，使人們都必須明智地承擔風險，也必須成為與眾不同的勞動力，才能適應環境變化，創造價值。那些不冒風險、追隨大多數的人，就會被經濟的力量推向吃虧的那一方。有關工作與職涯發展的忠告，在第一章有滿滿乾貨，讀來頗為過癮！

至於該如何更有效地創造財富，活出優渥而自在的人生呢？這是此書重點所在，放在第二章。

作者強調：「想要高效率創造資產，絕對必須善用股票。」他舉世界富豪們為例，這些富豪們幾乎全都是靠擁有股票來增值，就算在公司擔任要職，獲取高薪，也很難光靠薪水致富，還是必須靠擁有公司的股份。現在剛出社會的年輕人，若能盡早將資產分散配置到全世界股票指數型基金或ＥＴＦ，就等於擁有了全世界最具競爭力的公司股權，讓最優秀的人為我們工作。

此書的第三章，是綜合性的好觀念和技巧，我認為不管年紀多大的讀者來看，都會很受用。例如：盡快成為有能力轉職的人才、了解自己的時間價值、要跟「聰明的人」「有趣的人」「真正的好人」來往、擔任讀書會幹部、不要放掉任何做副業的機會、別忘了機會成本、別計較沉沒成本，這些也都是我自己身體力行、奉為圭臬的基本原則。

作者提到職涯發展的三大重要里程碑：二十八歲前決定自己的職業，三十五歲前確立自己的人才價值，四十五歲起準備進入第二職涯，這與我的人生體會完全呼應！我即是在二十八歲確立了自己職涯目標：成為金融投資分析的專業人士；三十五歲已經是投資相關單位主管，並且外派到美國工作；四十五歲選擇退而不休，為了幫助十萬人活出更好人生而創作《內在原力》一書，也是我人生第二曲線的開端。

好友楊斯棓醫師是《人生路引》《要有一個人》作者，他呼籲用「抬頭苦幹」取代埋頭苦幹。苦幹，是一定要的，只是埋頭就無法看清楚長遠發展，提早應變。唯有抬頭，才能看得比其他人更遠，同時發覺社會對我們的需要，進而貢獻自己才能，創造價值。這樣的觀點與此書不謀而合，是我心目中的台灣、日本最佳人生引路之書！

很少看到一本談工作與生活觀的書，不流於俗套，一次富含這麼多洞見，一定要大力推薦！

（本文作者為TMBA共同創辦人，著有《內在原力》系列書）

前言

我寫了一封信給剛考上大學的兒子。我用了一部分篇幅書寫自己對「如何工作與賺錢」的看法，而本書的主要內容，亦為此一主題的詳盡延伸說明。

本書鎖定的主要讀者，是今後即將開始工作、賺錢、累積財富、花錢，年齡與我的兒女相仿的「年輕人」。當然，也包含我兒子本人。

本書的宗旨，就是希望我的孩子與各位讀者，能夠賺錢賺得有效率、用正確的方式增加財富、花錢花得心安理得。因此，我會向各位分享一些想法與具體方法。

我不打算對自己的兒女或年輕朋友們說什麼「要賺大錢」。金錢並不是目的，只是一種手段罷了。錢，夠用就好。你可以立志賺大錢，也可以不以此為目標，由各位自由作主。

不過，我不希望各位在賺錢與投資時，成了「吃虧的那一方」。如果在工作上盲目地從眾，就會變成「單方面提供利益的人」，進而吃虧。這就是資本主義經濟的架構。此外，一旦聽信那些自稱財經大師的人，就會變成待宰的肥羊。

其中影響最大的，就是工作模式。

每到新鮮人求職季，新聞節目就會報導學子們穿著款式大同小異的求職套裝，遠赴徵才說明會的模樣；隔年春天，成功錄取的新鮮人參加大企業就職典禮，再度躍上新聞畫面，我看著他們，總覺得「好慘」。

他們當中大部分的人，都會站在經濟架構中「吃虧的那一方」，被企業榨取利益，度過效率不佳的一生。如同他們那一身相差無幾的套裝與表情所示，在老闆眼中，他們絕大部分都是「可以取代的螺絲釘」，整個上班族生涯都黯淡無光。

成為正式員工，使新鮮人心裡倍感踏實，父母也讚譽有加。然而，父母與孩子卻沒有發現，父母那一代的工作與賺錢鐵則，現在已經行不通了。從某個角度而言，現代的正確工作模式與工作心態，與過去「恰恰相反」。

人生能否過得精彩，主要取決於工作模式（含著金湯匙出生的大富豪例外）。

本書會說明為何過去的工作模式行不通，也會解釋何謂有利的工作模式。此外，我也會簡單扼要地傳授各位一生受用的金錢運用心法、度過幸福人生的訣竅，並解釋經濟如何運作。

以下的內容是寫給我兒子的。他即將升大學，所以這本書正適合他。剛進大學，正是學習工作與賺錢的最佳時機，畢業後就有點晚了。畢竟，十八歲就是大人了，沒必要寵他。有時我的語氣可能會有點粗暴，請各位見諒。

我最在意的，是本書能否實際幫上讀者的忙。希望本書能幫助各位度過快樂的人生。

第二章

如何增加手中的錢？資本主義經濟的架構又是什麼？

第三章

還想告訴你一些事 115

終章

小小的幸福論

第一章

如何工作與賺錢？

「昭和那一輩的工作觀」別照做，划不來！

兒子啊，開始囉。

首先，我們來看看上一輩擁有什麼樣的工作觀，以及為什麼那套觀念現在行不通。

簡單說來，「昭和那一輩的工作觀」*就是——

「靠著穩定的工作出人頭地，長期且高價出賣自己的勞動力」。

符合此定義的典型好工作，就是進大公司，或是當公務員。而醫生與律師等高時薪、「不愁沒飯吃」的職業，也是世人眼中的好職業。

若是當上班族，畢生的職涯目標就是「努力進入穩定的大公司」「避免犯錯，努力在人事考核中脫穎而出」「努力出人頭地」。如果最後能當上部長或董事，職位上升，年薪也會增加，退休金跟退休後的福利也大不相同。相對而言，算是賺得不錯。

反之，若是「被開除」，就得付出極大的代價。因為，被開除後想再找到同樣規模、同樣穩定、同樣薪水的公司，是非常困難的。

因此，進入大公司，關鍵在於「必須待得久」。

不過，待在同一個組織越久，人事考核就變得越重要。若是在人事考核被扣分，說不定會拖累你一輩子。身為雇主，大可用人事考核的結果當誘餌，只付一點錢，就逼員工做牛做馬。

考核評價的標準，說穿了就是個人喜好。到了現代依舊如此，放眼世界亦然。被討厭的人得淘汰，遊戲規則就是如此。身為上班族，就是得看評分者的臉色做事，千萬不能成為「刺眼的存在」。

＊ 昭和年代為一九二六年至一九八九年，本文指的是在這段期間出生的日本人所懷抱的工作觀。

然而，請注意：在舊有的工作模式中，即使你是同期進公司的那一百人中，唯一或唯二升上董事的天選之人，也只是用「較高的薪水與獎金」出賣自己的時間換取金錢罷了。上班族的處世之道，就是出人頭地、拉高自己的勞動時薪、長久維持同一份工作，以獲得更多金錢。

不然，就是成為醫生、律師之類的專業人士，以勞動換取「高時薪」。長年以來，世人都認為這是一門「薪水好、社會地位高又穩定的好生意」。不過，這些專業人士，也同樣離不開「出賣時間換取金錢」的商業模式。

這樣的情況，如今依然屢見不鮮，但「大公司董事」「醫生」「律師」之類的成功人士，也頂多只算是擁有數億圓*資產的「中等有錢人」。而且，很多人都是到了晚年才有如此資產，但爬到該職位的門檻卻很高。

遵循舊有的工作觀，度過極不自由的職業生涯，就算在極低的機率中出人頭地，也晉升不了富豪階級。無聊。太不划算了，別這麼做。

說得正確一點，暫時去企業上班無所謂，但應該早點找到別的選項，因為這個時代需要的工作模式、與企業之間的關係，已與昭和世代截然不同。如果安於當下的職業與穩定的收入，過一天算一天，就會在人生中失去越來越多的機會。

「全新的工作模式」追求效率與自由

昭和世代的工作模式被奉為金科玉律，部分原因是它促成了整體經濟成長，而最大的原因，則是員工缺乏談判籌碼。

其一，員工轉職不易，因此很難鼓起勇氣辭職。

---

* 本書出版時，日圓兌台幣約一：〇．二一。

其二，員工在公司安排的職位下，對公司唯命是從，從資方眼中看來，可取代的員工到處都是，自然使資方有恃無恐。另一方面，員工也沒有力圖改善現狀。

「全新的工作模式」是什麼呢？

第一，賺錢講求效率，僅僅靠著「一點一滴出賣自己的時間」是辦不到的。盡量趁年輕時用最有效率的方式累積資產，才是正確答案。

第二，勞動者必須擁有比以往更多的「自由」。

這兩點並不衝突，放心吧。朝其中一方努力，會使你在邁向另一方時更順利。

為此，你必須學習以下心態：

① **經常適度冒險。**

② **別害怕跟別人不一樣，反而應該努力讓自己與眾不同。**

兒子啊，我在寫給你的信中提到：「不要遵從『磨練自己、避免風險、腳踏實地賺錢』的老生常談，應該學習新時代的賺錢訣竅。投資自己也是同樣的道理，如果一件事情有風險，但失敗了並不會使你致命，那就應該大膽去做，並承受風險的代價。現代處理風險的方式，已跟過去完全相反。」

那段話就是這個意思。

從股票獲取報酬

至於全新工作模式的具體方法，簡言之，就是「善用股票」。

我來舉個有點極端的例子。瞧瞧《富比士》雜誌二〇二三年世界富豪排行榜的前十名（表1）。

從第一名到第十名，全都是靠著持有高市值股票致富。說到工作內容，當中

表 1　全球富豪排行榜前十名

名次	名字	財富來源	國家	年齡	資產值
1	貝爾納・阿爾諾家族	LVMH	法國	74	2110
2	伊隆・馬斯克	特斯拉、SpaceX	美國	51	1800
3	傑夫・貝佐斯	亞馬遜	美國	59	1140
4	勞倫斯・艾利森	甲骨文	美國	78	1070
5	華倫・巴菲特	波克夏・哈薩威	美國	92	1060
6	比爾・蓋茲	微軟	美國	67	1040
7	麥克・彭博	彭博	美國	81	945
8	卡洛斯・史林家族	墨西哥電信	墨西哥	83	930
9	穆克什・安巴尼	信實工業	印度	65	834
10	史蒂夫・巴爾默	微軟	美國	67	807

單位：億美元
《富比士》2023年

許多人都是企業的創辦者，持有大量自家公司股票，一路帶領公司成長，擠入富豪之列（知名投資家華倫・巴菲特算是特例）。

然而，其中最值得矚目的，可能是第十名的史蒂夫・巴爾默。

巴爾默是在微軟服務多年的員工，也深受創辦人比爾・蓋茲信賴。但他不是天才，只是「普通的上班族」，而且他接替蓋茲成為微軟執行長後，微軟的業績就停滯了。由於巴爾默一直持有微軟的股份，在繼任的執行長薩蒂亞·納德拉帶領微軟市值飆漲後，他也因此成為資產值突破八百億美元的富豪，擠進排行榜前十名。從經濟角度看來，此人堪稱全世界最成功的上班族。

排行榜裡的每個人，都不是每年用自己的時間換取金錢，日積月累成為富豪的。他們的資產，來自於股票。

股票具有快速創造資產的幾項特性。這年頭想要高效率創造資產，絕對必須善用股票。

簡單說，能利用股票報酬飛黃騰達的人，都是大規模從勞動者身上榨取利益的「公司」的部分股權持有者。這些「當下」得到的股權，卻囊括了公司的成長性與未來的市值，因此，持股者可以在短期內得到龐大資產。除了上述特點之外，股票還有其他易於創造資產的特性，我會在後面章節詳細說明。

學會善用股票，對你絕對有好處。

此外，如今的致富法則，已不再是從前那套「不冒風險，一分耕耘一分收穫」，而是一百八十度轉變成「適度冒險，以期盡快得到龐大報酬」。除了加入新創公司，選擇到願意給予員工認股權的公司就職，也符合此項定義。

人必須持續適度冒險，也必須成為與眾不同的勞動力。如果只想要在工作上「不冒風險，追隨大多數」，經濟的力量就會將你推向吃虧的那一方。願意冒險的人，會從不願意冒險的人身上榨取利益，這就是經濟世界的運作規則，而且日漸顯著。了解這一點，你就能少吃很多虧。

我想對廣大的學生們說：如果你跟其他人一樣寫幾十頁的履歷表，到處投履歷找工作，就算順利進入不錯的大公司，可能也跟你的人生目標相差甚遠，甚至算不上是什麼好的職涯起跑點。

實踐「用股票賺錢的工作模式」

學會善用股票來賺錢，並不是指用股票來「增加」金錢，而是指「賺取」股票薪酬或股票相關的薪酬。你知道具體該怎麼做嗎？

我在信上寫道「自己創業也好，加入新創公司也行，或是轉職到願意給予員工認股權的公司都好」，在此，我將「用股票賺錢的工作模式」整理為以下四點：

① 自己創業。

② 在早期階段加入新創公司。

③ 選擇以自家公司股票支付大部分薪酬，或是願意給予員工認股權的公司（多為外商）就職。

④ 在別人創業的初期階段出資。

以下依序說明。

①自己創業

自己創業，讓公司上市，再藉由股價賺大錢。這是賺錢的主流模式，不只是富豪排行榜的前段班這麼做，繼續往下看，排行榜上還有許多靠著股票成功躋身富豪之列的企業家。

一想到新的商機（「服務」或「販售商品」），就開公司、聘請員工，以擴大規模為目標。這就是最基本的第一步。

不過，自古以來，創業的成功機率並不高。經濟學家凱因斯在他知名的著作《就業、利息與貨幣的一般理論》第十二章中，不僅指出企業家在經濟中的重要性，也驚嘆道：儘管創業的成功機率很小、經濟期望值不高，卻仍然前仆後繼地出現想要創業的人才。關於後者，他只歸因於「動物本能」，直接放棄用經濟學理論解釋（不過，很幸運地，現代也有「動物」*）。

如此划不來的事情，應該叫兒子去做嗎？現在，我可以充滿自信地說：「應該。」

首先，創業的成本已經下降了。從前的產業結構是以製造業為重心，現代創業則是以網路資訊服務為首。這年頭，創業多半不需要從前那麼多資金。不僅如此，資金調度（包含政府補助）也比以前容易許多。以前開一家股份有限公司需要一千萬圓以上的資本，如今，就算資本只有「一圓」也可以開公司。

此外，公司上市也變得簡易許多。拜此所賜，創業者得以盡早將創業成果變成大筆金錢。以前很難在創業的第一代任內就讓公司上市，現在則容易許多。

---

* 凱因斯用「動物本能」來形容企業家精神，因此作者用「動物」來比喻充滿企業家精神的人們。

而且，由於越來越多公司願意聘用非應屆畢業人才，勞動市場流動性高，就算創業失敗也可以輕鬆回到職場，無疑縮小了創業者的潛在創業成本，同時也降低了員工因公司經營不善或被解雇所需付出的成本。

換作是從前，若在剛畢業時選擇「創業」，錯失應屆畢業就進入職場的機會，便意味著放棄得到終生穩定收入的可能性，得付出龐大的「機會成本」（因為選擇某項機會而必須放棄的最大利益）；而現在，許多公司都願意聘用「有創業經驗的年輕人」。

不過，適不適合成為創業者，端看當事人的性格而定。主要的問題，大概就是能否承擔支付員工薪水的經濟風險，以及面對人群的抗壓性是否足夠。這一點，每個人的感受差異是很大的。

「我是花錢請人來做事，與員工的關係是平等的。公司經營不善，也只能跟員工說聲『抱歉』，請他走人。畢竟我也很辛苦啊。」如果你有這樣的心理建設，也有能力支付薪水，那就開公司、聘請員工吧。

反之，如果你不習慣面對人群，也有別條路可走。下面會詳述，成為創業者的初期夥伴，當「史蒂夫・巴爾默」也不錯。

附帶一提，你爸爸之所以一輩子沒有創業，最大的原因就是覺得「雇用員工責任太重、壓力太大」，但當時是我想得太嚴重了，如今實在有點後悔。

在此，先告訴你一件重要的事情。

一般說來，「老闆」這種生物就是任性，而新創公司的老闆更是任性。想想看，你想在任性的老闆底下做牛做馬，還是讓別人在你底下做牛做馬？「當然是讓別人做牛做馬！」這樣的想法其實也沒什麼不好。

這年頭，年輕人想創業，已經不是什麼稀奇的事情了。

② 在早期階段加入新創公司

即便創業變得容易，自己也不一定能想出「做生意的好點子」，而且也不是每個人都適合當創業者。

除了自己創業之外，其實也可以在新創公司正要創立或剛創立時，想想看是否要加入該公司。

你要眼觀四面、耳聽八方，嗅出哪裡有機會。盡量跟聰明的人或有趣的人來往，即使你不是該領域的天才，天才們應該也不會虧待你，屆時就能找出你的定位了。

這裡有個重點，那就是進公司時，必須立刻確定自己是否擁有認股權，不要拖延。可以的話，找個時間，白紙黑字寫下如「授予幾股自家公司股票」「授予以○○○圓購買××股自家公司股票之權利」（也就是「認股權」）的書面契約。

什麼時候能確定條件，寫成書面契約，得看你當初是如何進入公司、跟老闆是什麼關係，很難一概而論，但最好不要相信老闆的口頭承諾。

我有一個很熟的朋友，在某間新創公司剛創立時就擔任老闆的左右手，老闆親口對他說：「等到公司上市，我會給你發行股份的一〇％，我們一起努力吧！」

然而，等到公司即將上市的那一天，老闆試算後卻又覺得金額太大，半哭喪著臉懇求道：「一％就很多了啦。」我朋友當時笑著對我說，聽完也只能接受。雖然他還是拿到上億圓的股份，卻比預定的少了一個零。

即使你不是剛創業時的少數工作夥伴也沒關係，只要員工編號在兩位數之內，日後若公司擴大為大型企業，而你也已就職十年以上，很有可能「回過神來，手上就多了破億圓」。

這家公司是否有可能上市？在這裡工作是否對自己有利？要在這間新創公司「待多久」，必須由自己仔細評估、判斷，但這確實是在短時間內賺取大筆金錢的途徑之一。

我再強調一次，老闆這種生物是很任性的。如果你問我：「有任性到必須一再強調嗎？」我只能回答：「對。」而新創公司的老闆更是任性又善變。跟這種老闆一起工作，要吃的苦頭肯定是不少，因此，在加入新創公司之前，首要的考慮重點就是「跟這個老闆個性合不合」。

在新創公司工作是很辛苦的。就拿創辦微軟的大富豪比爾．蓋茲來說吧，他在人生步入晚年時曾說：「人生有比工作更重要的事，必要的時候就休息吧。」強調工作與生活應該取得平衡。然而，這類型的勵志故事主角，在創業初期幾乎毫無例外，全都是工作狂。

比爾．蓋茲在晚年時坦承，他剛創業時，會從窗戶掃視停車場，看有哪個員工提早下班。這簡直是走火入魔。連比爾．蓋茲這等傑出人士，也逃不過這項魔咒。

③ 選擇以自家公司股票支付大部分薪酬，或是願意給予員工認股權的公司就職

不僅是剛創立的新創公司，已進入成長期的企業，也會希望人事費用上能減少支付給員工的現金。因此，有些公司會以自家公司股票作為薪酬的一部分，用

「薪水（底薪）＋獎金＋認股權」的形式支付薪酬。

如果順利的話，公司就能抑制現金的流出，員工也能在股價上漲時得到經濟利益（簡直就像是由華爾街負責發薪水），形成良性循環。能提供這類選擇的公司多半為外商。

理想的職場，舉例而言，就像「一九九〇年代的微軟」。一九九二年時，我妹妹（比我小十一歲）聽從我這個哥哥的建議，進入微軟工作，總共做了十年左右。到了第十年時，光是靠她的認股權，利潤就能維持一般受雇員工的生活水準。而與她同時期入職的同事，有些人的認股權價值甚至是她的兩倍以上。

換句話說，她在三十出頭的時候，就累積了足以「FIRE」（經濟獨立與提前退休）的資產。

附帶一提，我妹妹後來並沒有選擇守成，幾經波折之後，她目前擁有一家小公司，經濟狀況比我這個哥哥寬裕多了。

從現實面看來，要找到條件媲美當年微軟的公司或許並不容易，但只要是業績穩定的公司，以自家公司股票或認股權作為薪酬的一部分，很有可能是一筆划算的交易。

就算你任職的不是成長期的新創公司也無妨，或許它欠缺「爆發力」，但依然利大於弊。

在這類的情況下，以自家公司股票或認股權作為部分薪酬，通常是公司制度，或是已包含在聘僱合約中，權利多半寫得清清楚楚，正好可以省下談判的時間。仔細調查一下，如果條件不錯，就主動接洽、入職吧。

④ 在別人創業的初期階段出資

另一項選擇，就是在朋友創業的初期階段，擁有對方公司的股份。

舉個例子，假設你朋友想到一個好商機，於是創立公司。如果他的創業資本是一千萬圓，你就出資一百萬圓。對某些小公司而言，一百萬圓也十分珍貴，甚至可能給你一部分股份，以換取你的各種商業建議與支援。

接著，你不一定非得走②的路線，進對方的公司工作，也可以擔任經營顧問或各種技術方面的顧問，或是以介紹生意或客戶的形式，從外部與公司建立關係。等到公司上市，你當年出資所換來的股份，價值很可能水漲船高。

你必須建立人脈、結交朋友，保持對商機的敏銳度，才能抓住機會。我建議你「盡量跟聰明的人或有趣的人來往」，部分原因就在於此。

這種形式最有意思的地方，就算你已經不年輕了，也可以出資。只要有人脈跟機會，即使你已經當爸爸了，也可以與新創公司建立這種合作關係。為人父母的讀者，不妨參考看看。

股票薪酬，好處多多

以上，就是以自家公司股票或認股權獲得薪酬的方法。

那麼，這類「股票薪酬」到底哪裡好呢？

事實上，好處可多了。

① 利潤隨規模擴大而翻倍（整體發展）

一旦公司的營運上軌道，就能透過增加產能與展店來擴大規模，而且是擴大好幾倍。

舉個例子，假設一名員工的「產值」減「人事費用」為正數，那麼，將員工增加為一百人、一千人、一萬人，就能等比例擴大利潤。想當然耳，這份利潤，遠比自己一個人賺錢來得多。

持有成功企業的股票，公司的利潤擴大，你的利潤也會隨之擴大。

② 未來的獲利也算進去（未來發展）

大略說來，所謂的「股價」，就是將每一股的未來預期獲利，換算成現在的價值。

換句話說，股價不只是評定今年的獲利，而是將明年、後年，以及未來的預估獲利成長率也一併列入評估、定價，再放上市場交易。事業上軌道的公司，市場對其股票的評價會從「整體發展」與「未來發展」兩方面來計算，不時還會摻入一點關於成長率的「幻想」。

公司上市後，如果營運順利，股價上升的可能性是非常高的。

③ 抽成比較容易拿到甜頭！

許多股票薪酬都來自於公司營收的成果。換句話說，非常類似「抽成」。不過，這種抽成很奇怪，從收受報酬的角度看來，門檻實在很低。

在金融世界中，收取佣金的方法有兩種，分別是固定佣金（收取一定比例或額度的佣金），以及抽成型佣金（若賺錢就可以得到幾%的佣金）。若將抽成型佣金的價值依據金融理論換算成固定佣金，很可能比固定佣金多出好幾倍。不僅如此，還能藉由擴大風險來擴增抽成型佣金。

避險基金交易員遠比傳統基金經理人賺更多，都得歸功於抽成型報酬。在抽成型合約上簽字的客戶固然不聰明，但世界上的抽成型合約還真不少。

許多股票薪酬都類似抽成，遠比固定薪酬有利多了。

此外，風險越高，得到的抽成型報酬也越多，這也與近年來成為商業界主流的「績效主義」不謀而合。

在績效主義的世界中，與其走安全路線，不如大膽冒險，更來得有利。

選擇安全路線或大膽冒險，將大大左右你未來的收入，得銘記在心。

④ 股票薪酬比拿現金好多了

從老闆的角度，支付股票薪酬比較不會心痛，所以支付門檻很可能不高。

成長期的企業想擴大規模，因此不希望將現金投注在人事費用上，若用認股權來支付部分薪酬，就能抑制現金流出。

既然這種支薪方式不會對公司的現金流造成立即性的負擔，支薪門檻自然比支付現金來得低。

⑤ 股票的報酬率比薪資成長率高多了

股票的報酬率遠高於薪資成長率（下一章會詳細說明）。雖然股票薪酬多半不能在拿到的當下換成現金，但是在等待期間，你的報酬率很可能還會持續上漲。

致富的關鍵就是「有利且安全的資金槓桿」

現在你已經知道在職場領取股票薪酬的效益有多高了，那麼，最壞的下場又是什麼呢？

在職場領取股票薪酬，最壞的下場頂多就是「被開除」，完全不需要背上負債的風險，這就是重點。

那麼，如果想挑戰「投資致富」呢？以下，我將解釋兩者之間的差異。

純借錢太危險了

後面章節將介紹的指數型基金，對比它的報酬與所承擔的風險，已經是報酬率較高的投資方式。然而，指數型基金的獲益期望值是「短期利率（無風險利率）＋年利率五％左右」，其實很不錯了，但以現實來說，只能算普通，資產成長速度並不快。

想要增加獲益，就只能借錢來增加投資額了吧。假設可以無息貸款一億圓，指數型基金的預估獲益為五％，扣稅後約為四％，在最幸運的情況下，一年大概可以獲益四百萬圓。

不過，若想以年利率四%的複利讓一億圓變成兩倍，要花上十八年的時間。花十八年賺一億圓（兩億當中須償還一億），也未免太久了。

不僅如此，這裡盈虧的關鍵是股價，股價一年掉三成都是很正常的。假設你借錢的隔年股價就掉三成，在虧三千萬的情況下被要求還錢，搞不好只能宣告破產了。三千萬圓的負債是多麼沉重啊。

除此之外，一般人本來就很難用「投資股票」或「自由運用」這種理由，無息或低利息貸到大筆款項。

投資不動產並不輕鬆

一般人能用正常利息貸到大筆款項的主要途徑，就是投資不動產的房貸。

然而，用這種方法創造資產，有幾個大問題，例如：背負大筆債務、資產過於集中在特定不動產物件（風險過高）、投資標的不易換成現金等等。

假設你貸了一筆錢準備投資不動產，經過仔細思考，扣掉利息、相關費用、稅金之後，認為這是一筆划算的投資，於是投資一棟公寓。不過，假如有幾間租不出去，或是租賃保證公司*倒閉、房子有問題，你只好賣掉房子擺脫麻煩，但就算賣掉，拿到的錢也遠低於投資額，到時你手上就只剩負債了。

追根究柢，投資不動產本來就不是什麼「可靠」或「好賺」的投資，否則房仲公司幹嘛不自己留著房子，而是拚命推銷給客戶？

千萬不要輕信什麼「上班族也能當房東！」「買房躺著賺」之類的鬼話，這太不智了。

---

* 在日本租屋需要保證人，房客可以委託租賃保證公司來取代保證人，若遇到房客拖欠房租，房東可以向租賃保證公司請款。

信用交易、外匯交易跟虛擬貨幣，都是伴隨負債的賭博

投資個股若能長期獲勝，就能賺大錢，但連勝很難，而且想賺得多，可能會扯上信用交易。可是，坦白說，信用交易就是借錢。

進行外匯交易，或是虛擬貨幣交易也一樣（這些其實都算是「投機」，而不是投資），想賺得多就得借錢，如果押錯寶，資產轉眼間就歸零，甚至還可能背債。

這類「交易」，我全都不推薦。別以為你的運氣比別人好。

「被開除」的成本其實很小

假設你到一家新創公司上班，意圖用認股權賺大錢，那麼，被開除的話，有哪些具體成本？

找到下一份工作之前的生活成本與心力、「被開除」所帶來的精神打擊（依個人心態而定）、在新創公司上班所付出的機會成本（在待遇較佳的公司上班的薪水扣掉新創公司薪水的差額）、在其他職場所能得到的經驗或技能等等。

零零總總加起來，成本或許不小，但你在上班期間也有領薪水，而且在新創公司工作的經驗，對你今後的職涯應該也有幫助。

整體而言，「即使失敗，成本也很小」。以小小的風險換來大大的報酬，就這點看來，**股票薪酬是一般人也能安全使用的資金槓桿，也是這年頭最有利的工作模式。再重申一次，「即使失敗，也不會負債」。**

你可以從學生時期就開始摸索創業的機會，也可以在求職時好好想想，該如何獲得股票薪酬。

就算你未來變成上班族，也可以在轉職、兼職副業時謀求「股票薪酬」。

最重要的是，在失敗也不負債的前提下，不斷嘗試。

不是每個地方都跟得上時代的變化

好了，目前為止，我已經講解了當今時代有利的工作模式。

今後重要的是：**善用股票薪酬；適度冒險；努力做到與眾不同。**

好好記清楚了。

不過，時代會緩慢變化，但不是每個地方都跟得上時代的變化，就算是主流價值觀也不例外。現實的社會跟組織，普遍跟不上主流價值觀的變化速度。

就拿「績效主義」來說好了。最晚在一九九〇年代，以員工績效作為獎酬發放標準的「績效主義」便在日本社會得到廣泛認可，但直到現在，還是有很多日本企業採取奇妙的人事評價制度，業績目標跟考核評價都只是表面功夫，其實還是依年資、年齡作為獎酬的標準。說穿了，就是「半吊子的績效主義」，並不是真正的績效主義。

兒子啊，假如你選擇當公務員，或是在學校當學者或老師，這類職場比企業還跟不上時代，職場規則跟派系關係多半還停留在「昭和時代」。

不過，從前的職場規則，也還是有一些跨越時代的通用鐵則與心法。

相關訣竅，我統整成第三章的「職場教戰守則」，能用就盡量用，選出最適合自己的做法吧。

第二章

如何增加手中的錢？資本主義經濟的架構又是什麼？

上一章，我講述了如何靠工作賺錢；這一章，我會講解如何有效率地增加自己手中的錢。

行業百百種，不是每一行都能讓你領到股票薪酬，但你手上一定有錢，所以必須活用手中的錢！在此種情況下，依然必須善用股票。

增加金錢的方法，其實很簡單，誰都辦得到，只要記住一招就夠了。既然有一招「最好用的方法」，而且無論男女老幼，誰都辦得到，何必花時間去記別招呢。

除此之外，我也會講解股票與資本主義經濟的架構。遊戲規則要記起來。

其實，爸爸我並不喜歡隨便使用「資本主義」這種模糊又八股的說法，在此姑且將「資本主義」定義為「允許生產手段（約等於資本）私有化的經濟模式」。了解「經濟」如何在「人」與「資本」之間產生作用，是非常重要的。你不必理會什麼「○○資本主義」或「資本主義經濟末路」的爭議，那些言論多半不正確，跟廢話沒兩樣。

結論先說在前頭：所謂資本主義經濟，就是「願意冒險的人，從不願意冒險的人身上榨取利益」。只要你清楚明白這點，我這個作爸爸的，寫這本書就值得了。

榨取利益的媒介就是「資本」，參與資本遊戲的現代手段則是「股票」。只要現在徹底搞清楚，今後你無論是工作或投資，都能看得遠、看得通透。

理財只要做好「這三點」

好，來談談如何將你賺來的錢變大吧。

我先簡單從結論說起，想要高效率增加金錢，做好以下三點就行了：

① 將三～六個月份的生活費存入活期存款帳戶，剩下的都當作「可運用資金」。

② 將可運用資金全部投資到「全世界股票指數型基金」。

③ 一旦可運用資金增加，就追加投資相同標的。如果臨時需要用錢，就贖回所需金額的基金。

只要記住這三點，就能明白：如何設定投資金額、如何選擇投資標的，以及「買」與「賣」的時機。這就是理財的基本方法，很簡單吧。

你可能想反駁：「老爸，你長年研究金融，也寫了那麼多書，結果傳授的訣竅只有這麼一點喔？」

沒錯，真的只有這樣而已。即使是理財專家，也很難想出超越這三點的方法。

以現實情況而言，就拿日本的ＮＩＳＡ（少額投資免稅制度）與iDeCo（個人型提撥年金制度）來說好了，此類制度對投資人有利，因此能用就必須盡量用，它能幫助你在理財時把錢放在對的地方。利用這些制度時，依舊得依這三點做配置，將可運用資金投資到「全世界股票指數型基金」或類似的金融商品上。

本書並不會說明制度，因為制度時常改變，但理財的方法只要用常識就能理解。

戶頭常備足夠的「生活資金」，就無須借錢

你必須額外準備一個生活資金帳戶，存放足以應付緊急開銷的錢，讓你不需要臨時借錢。這通常大約是三～六個月的生活費。

注意，信用卡的分期還款或預借現金之類的小額借款，千萬碰不得。它們的利息很高（例如年利率一五％），遠遠高於投資的預期報酬率（就算是股票，頂多

也就短期利率＋年利率五～六％左右），簡直是暴利。

爸爸以前在大學教書時，每學期都會告訴學生：「約會時用信用卡分期付款結帳的人，千萬不要跟他結婚。」因為跟缺乏理財概念的人結婚，根本自討苦吃。

將可運用資金全部投資到「全世界股票指數型基金」

你可以將可運用資金全部投資到「全世界股票指數型基金」。也就是投資與全世界股票所構成的指數連動的證券投資信託基金。

選擇全世界股票指數型基金的原因，就在於能以有利的方式分散投資，手續費也很便宜。

將手上的可運用資金全都拿來投資股票，你或許心裡會覺得怪怪的。

就現實情況與學界共識而言，指數型基金的投資報酬率如下：一百年大概會出現兩、三次「最壞的時機」與「最好的時機」。在最壞的時機，一年大約會虧損三分之一；而在最好的時機，大概能獲得四成左右利潤。假設平均短期利率接近〇%，那麼年利率大約五～六%左右。

爸爸的想法也大致如此，沒有人知道正確數字為何。

在我創作本書時（二〇二三年），日本的短期利率幾乎是零，再加上五%，那麼投資股票的期望報酬率大約是「年利率五%」。依據現在的日本稅制，實際利潤還得扣除兩成稅金，因此實質年利率大概是四%。

將所有可運用資金砸在這種標的上，心裡應該會怕怕的吧？

沒錯，「虧損三分之一」的確令人心痛，投資後也會忍不住關注每天的股價變動。

可是你想想，年輕時的可運用資金，數目應該不大。

一般人在生活中也會面臨許多經濟風險，比如收入的增減（公司與生意的盈虧、薪資與獎金的變動、轉職所造成的空窗期）、健康狀態的變化、家人與周遭情況的變化等等，不也一路撐過來了？舉個例子，如果缺錢，一般人應該會加班賺多一點，或是節省生活開銷，以填補經濟缺口，不是嗎？

況且，可運用資金就是「暫時不會用到的錢」。不能因為它是一串簡單好懂的數字，就整天關注金融資產的損益，這樣容易顧此失彼。

那麼，當金融資產在經年累月的投資之後變得龐大，又會如何呢？

此時，「虧損三分之一」所失去的金額，可能已經大於收入的變動幅度了。不過，說到底，金融資產變大，不就代表經濟也變寬裕了嗎？

綜合評估之下，將可運用資金全部投資到「全世界股票指數型基金」，依然是比較可行的做法。

你想領錢出來的時候，股價可能正好大幅下跌，你可能會感到遺憾，但請告訴自己：「我當時的決策是正確的，只是運氣不好罷了。」

這份虧損是「沉沒成本」（泛指已經發生、不可挽回的成本。做決策時應忽視沉沒成本，才是正確的做法）。你的決策無法百分百規避風險，也無法掌控股價。

人生有很多無法掌控的事情，煩惱也沒用。你只能依據機率與期望值，做出最好的決策，接著祈禱一切順利，沒別的選擇了。

況且，就算賠錢，「只要是錢能解決的事，都是小事」。至少你沒有賠上性命，也沒有賠上信用。

怎樣都不想賠錢？
那就選「十年期浮動利率型個人公債」

其實我本來不想講，但如果你想要有一筆「絕對不會虧損的錢」，那就將錢放在「十年期浮動利率型個人公債」，利率很低，但很安全。

詳細的產品資訊去財務省*官網查，可以向銀行、證券公司、郵局購買。行員十之八九會建議你買別的產品，但他們只是想騙你買手續費比較高的產品而已，完全不必理會那些話術。

金融機構就選大型網路證券商

投資的時候，最好選擇大型網路證券商。他們的好處在於產品豐富、手續費低，而且你也不需要跟真人推銷員接觸。

爸爸長年來都在這家證券商交易，所以還是說一下好了，「我覺得樂天證券不錯！」

還記得你讀小學低年級的時候，有一天跟爸爸一起洗澡，你說：「我有一支很喜歡的職棒隊伍。」我問：「哪一隊？」「樂天。因為爸比很樂天。」好純真的答案啊！當年的你，真是可愛到爸爸差點感動落淚呢。

＊ 台灣可以至財政部官網查詢。

理財的三原則：「長期」「分散」「低成本」

理財只要記住這三個原則：

① **長期**（＝長期投資）。

② **分散**（＝分散投資）。

③ **低成本**（＝低手續費）。

這樣就能平安順遂。

做任何投資之前，務必先默念幾遍「長期、分散、低成本」「長期、分散、低成本」……接著，再檢視自己的行動是否符合這三點。

「長期投資」就是長期持有，不賣不買

最重要的，就是不要經濟狀況生變、股價漲跌，就急著交易。股價快下跌就減少投資額，快上漲就增加投資額，這樣操作是不會帶來好結果的。在投信業界，沒有任何一家知名投信公司長期用這種手法賺錢。而且，即使是專業投信公司，也無法判斷「何時才是好的投資時機」。

所謂投資，就是冒著風險提供資本，以期得到利潤。想獲得龐大利潤，勢必得長期持續提供資本。不中途賣出，就不必付稅金跟手續費。想持續靠複利來「利滾利」，最好採取「買入持有策略」（金融用語，英文是Buy and Hold）。

「長期投資的話，應該可以期待符合所承擔風險的報酬」，從這邏輯來看，「我不知道何時才是好的投資時機？」這個問題的最佳解答就是：「在自己能承擔的風險範圍內花錢投資，然後按兵不動。」無論投資時間是長是短，結論都一樣。

相信邏輯，克制想交易的衝動吧！

各種投資、理財專家或金融業界，經常提出經濟與股票行情分析專文，但他們只是領錢辦事，對你的理財幫不上忙。爸爸也寫過這類文章，你一個字都不要信。

分散投資比集中投資好多了

投資的意義，在於收集「符合所承擔風險的報酬」（風險溢酬）。善用分散投資，就能做到「只降低風險，不降低預期報酬」。

或許你認為精準判斷、集中投資才是最有效率的賺錢方式，但人的判斷力能信嗎？勸你三思。

手續費就是「貨真價實的負報酬」

賭博的手續費（莊家收取的手續費）很重要，投資的手續費也很重要。要比較同等風險的金融產品，第一步就是比手續費。比起A產品，B產品的手續費較高，因此行情好時會賺得較少、行情差時會賠得較多，故B產品比A產品差。從這結論看來，九成以上的投信產品「連討論的價值都沒有」，光是高手續費就出局了。

交易時產生的手續費，以及操盤、管理資金的手續費（投信公司的「經理費」「管理費」或「信託報酬」），都很重要。

沒有一家投信公司能自稱「我們手續費很高，但很會操盤」。在投信業界，並不存在那種「高價也高性能的產品」。

仔細想想，還真是一個沒有夢想的世界啊。

不是每一種指數型基金都能買

接下來，要解釋為什麼我會推薦「指數型基金」。

首先，依照字面上的定義，指數型基金就是與某種「指數」（若是股票的話，就是「股價指數」）連動的基金。以個人投資而言，就是公募基金或ＥＴＦ（指數股票型基金）之類的基金。原則上，投信公司會根據追蹤指數的成分股與權重進行投資，一般而言，贖回手續費（日本近年來多半零手續費）與管理手續費都相當低廉。

股價指數其實也有很多種類，其中的幾種很適合個人投資，如Ｓ＆Ｐ５００（標準普爾５００指數）或ＴＯＰＩＸ（東證股價指數）就還不錯。反觀日經平均指數或道瓊工業平均指數，由於涵蓋率不足，因此不適合投資。

主動型基金九成九不能買

一般的基金有兩大特徵，那就是「小額資金也能分散投資」，以及「專業基金經理人幫你操盤」。

所謂「主動型基金」，就是由專業的基金經理人幫你選股，依據時機來增減投資的比例，目標是創造高於股票市場平均報酬的績效，從古至今都有許多此類的金融產品。

普遍而言，主動型基金由於增加了投資相關調查分析的心力與成本，因此手續費比指數型基金來得高。

不過，投資就像人生，「目標」跟「現實」是不一樣的。

現實是：

① 主動型基金的平均績效不如市場平均或代表市場平均的指數型基金。

② 我們無法「事先」選擇投資績效相對較佳的主動型基金。

以上兩點都是無庸置疑的事實。

綜觀現實①與現實②，結論是「投資主動型基金是不理性的經濟行為」。

然而，主動型基金的投信公司都會強調「我們的基金都很棒」，在金融機構推銷基金的人也會說得一副「選擇優質的主動型基金來投資」是可行的樣子。這些都只是商業話術，誰信，誰就是笨蛋。

我在給你的信中所寫的「其他看起來很炫的投資方式」，最具代表性的就是主動型基金。

為什麼主動型基金不好？因為「平均投資有利原則」

說到股票市場的平均報酬，主動型基金終究無法勝過指數型基金，為什麼呢？原因在於，市場架構建立在「平均投資有利原則」上。

「平均投資有利原則」是我自己取的名字，以下為說明：

在市場的投資競爭中，長期持有貼近市場平均表現（也等於是競爭對手的平均表現）的標的，是有利的。

主動型投資人在交易時必須付出交易成本，在投資競爭上實屬不利；平均型投資人只需要長期持有，不需要額外付出交易成本，所以比較有利——這是不變的原則。

指數型基金是追蹤貼近市場平均表現的指數成分股，很類似「平均投資」，不僅在投資上比主動型基金有利，管理手續費也比較便宜，這讓投資指數型基金更加有利。

為什麼選擇「全世界股票」？也是因為「平均投資有利原則」

好了，還需要解釋的，只剩下「為什麼要選擇全世界股票指數型基金」。

在我創作本書時，全世界股票的國家占比，美國股票大約占六成，日本股票則不到六%。

近年來，全世界的投資趨勢越來越全球化，也增強了市場之間的連動性。嚴格說來，世界上並沒有完全封閉的投資競爭空間。全世界的大型機構投資人（國家型基金、大型年金基金、大學基金等等），都分散投資到世界各國的股票市場。在這樣的情況下，他們的平均投資情形，就是全世界股票市場的平均樣貌。

假設將全世界股票市場當成投資競爭的空間，美國股票占全世界股票投資組合的六〇%，而你手上一〇〇%都是美國股票，豈不是超級極端的主動型投資？依據時機來增減美國股票的投資比例，這實在有違「平均投資有利原則」，稱不上是有利的投資。

在投資競爭的趨勢中，我這做法可能有點超前部署，我捨棄特定組合，選擇追蹤股票投資競爭「平均」表現的指數型基金。

此外，說到全世界股票指數型基金，你可以選擇包含日股的類型，也可以選擇不包含日股的全世界股票或先進國家股票指數型基金，內容都很接近。只要手續費夠便宜，儘管投資無妨，不需要拘泥於瑣碎的差異。

「全世界股票指數型基金」的具體投資產品範例

現在有幾支適合投資的全世界股票指數型基金，在此舉其中的兩例：

① eMAXIS Slim All World Equity All country（公募基金）。

② MAXIS World Equity (MSCI ACWI) ETF（ETF）。

這兩支都是日本三菱日聯資產管理公司的產品，我並不是跟這家公司交情特別好，只是它的基金規模龐大，而這兩支是該公司的代表性產品。

日本投資人通常稱前者為「All country」。三菱日聯比較早發展這領域的產品，也很用心降低投資成本，因此這支產品在我創作本書時的基金規模遠遠超過一兆圓。同時，管理費用（信託報酬）為年利率〇．〇五七七五％以內。

這大概是目前的最佳投資產品，換句話說，每投資一百萬圓，年手續費只要不到五百七十八圓。投資的目的就是要賺錢，假設主動型基金的手續費年利率是一％（每投資一百萬圓要一萬圓手續費），你用膝蓋想也知道多白痴吧。

至於後面那支ＥＴＦ，對部分投資人來說門檻比較低，而且是東證的上市產品，所以也能去證券公司臨櫃辦理。它的信託報酬為年利率〇・〇八五八％（不含稅的話是〇・〇七八％）以內。

其他公司也有類似的產品，今後也可能有新產品推出。不過，因為手續費已經降低很多了，新產品不大可能會有什麼厲害的優惠，但投資其他產品也無妨。

你知道投資股票的意義嗎？

重新思考一下投資股票的意義吧！

- 為什麼投資股票可以賺錢？
- 想在股市獲利，經濟成長是必需的嗎？
- 投資股票賺到的錢，是誰提供的？
- 投資股票一定會賺到錢嗎？
- 股票投資人今後需要注意什麼？
- 想在工作上賺取股票薪酬，該注意什麼地方？

深入了解上述幾點，也能幫助你多了解這個世界。

若將投資股票的目的濃縮成一句話，就是**「收集風險溢酬」**。你要仔細咀嚼這句話，銘記在心。

生產需要「資本」與「勞動力」

首先來想想，什麼是「公司」？

爸爸很喜歡以下定義：公司就是**「人與人互相利用的場域」**。

這句話出自於企業家堀江貴文年輕時寫的書《賺錢，是最重要的美德》。舉個例子，老闆利用員工，但員工沒有公司就沒有工作，所以員工也利用公司與老闆。不必說，技術人員、業務人員、工廠勞動者、財會人員等公司成員也是彼此間互相利用。

圖 1　公司的結構

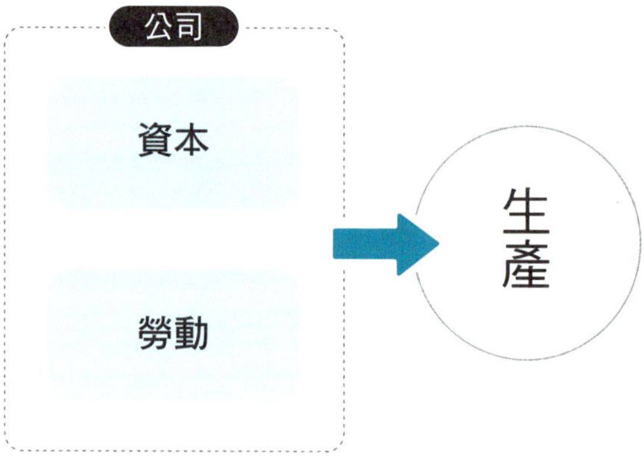

那麼，經濟又是什麼呢？經濟主要由生產與消費組合而成，而**「生產」則是由「資本」與「勞動」組合而成**（圖1）。生產並非只能由公司執行，不過，以下只討論公司的生產活動。

所謂的資本，就是構成商業資金的財產總稱，舉凡工廠的生產設備，以及購買原物料與支付租金的資金，都是資本的型態之一。

資本只是一張貼在諸多財產上的標籤

生產是由資本與勞動組合而成的，這是一般常識，應該不會有人反對。那麼，「資本」的具體內容是什麼呢？

生產產品的工廠與機械設備是資本的一部分，這應該很好懂；產品的原物料也是資本的一部分，生產所需的技術專利、總公司所在的大樓，也是資本的一部分。

此外，現金和銀行存款也是資本。這些錢可能會用來購買原物料、支付租金，也可能會用於投資生產設備；不過，也有可能會被股東領出來花掉。

「資本」，只是貼在公司諸多財產集合體上的一張標籤。

「資本」沒有自己的意識，也不會依循什麼運動定律。爸爸認為，經濟學界對資本的諸多議論，無論是左派或右派，都只是模糊地用「資本」一詞去解釋現實狀況，解釋得一塌糊塗。

從資本的持有者——資本家的角度看來，依據出資者的不同，資本有兩種形式：一是銀行貸款、積欠廠商的欠款，也就是「借來的」外部資本；另一種則是透過出售股票而獲得，不必返還的內部資本。

在典型的情境中，是由勞動者提供利潤

公司的利潤從何而來？首先，我們來看看圍繞在「資本」（涵蓋諸多財產）周遭的利害關係人（圖2）。

假設公司賺錢，有了利潤，那麼，利潤應該是來自於「資本」或「勞動者」其中一方。

圖 2　典型的利益結構

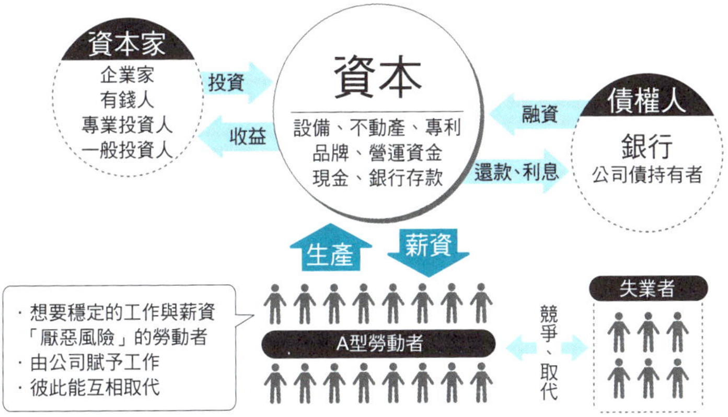

我們來看看「利用資本的勞動者」的情形。

假設有一名典型的勞動者，每天在公司平均產出兩萬圓的利潤，但公司付給勞動者的薪資只有一萬圓。如此一來，資本就多出了相當於一萬圓的利潤。

多出來的利潤，一部分會用來償還銀行貸款或利息，其餘的部分則透過股票成為資本家的資產。

透過增加資本設備，以相同條件僱用更多勞動者，公司規模會變得更大，得到的利潤也會變多。

此外，大至開發新產品、改善生產技術，小至改變產品販售模式，此類技術更新也是企業利潤的來源之一，而且發生頻率較頻繁，這層利潤也很容易進到資本家口袋裡。

不願冒險的勞動者只能咬牙領低薪

上一節所說的「生產兩萬圓利潤，卻只領一萬圓」的勞動者，會不會心生不滿、感到委屈？倒也不會。因為他想要穩定的工作與穩定的薪資，即使一天只領一萬圓也無所謂。

為了穩定（＝不冒險），只好屈就於差強人意的薪資。這是雙方合意的契約，他們正是世界的養分與經濟利益之源。

不願意冒險的人，只能提供利益給願意冒險的人，這就是世界的運作規則。

「可以被取代」的勞動者，講話大聲不起來

勞動者可能會與雇主談判，以求略微提高薪資。然而，談判不一定會成功。畢竟還有很多能提供同樣貢獻、能互相取代的勞動者，既然他們可以接受一天一萬圓的薪資，雇主大可用他們來取代，沒有什麼調升薪資的必要。

公司在設計員工的工作時，肯定會朝這個方向調整，提高員工之間的可取代性。你可能會想抗議：「太奸詐了吧！」不過，站在經營者的角度看來，這是再正常不過的事。

員工必須努力讓自己成為「無法取代的勞動者」。**不動腦的人，肯定會吃虧，**

無論你是什麼立場都一樣。我並不是在談負責歸屬的問題，而是在談經濟的現實。要避免從眾，要質疑中庸。

資本家與債權人的權力關係是浮動的

瓜分一大塊資本中的利潤時，銀行等出資者越強勢，債權人就可以分得越多利益；反之，若銀行之間彼此競爭，使得債權人變得弱勢，股東（即資本家）就會變得強勢。雙方的權力關係是浮動的。

此外，冀望「安全穩定」的債券持有者、為了百分百回收借款而進行低利放款的銀行，從整體經濟的角度看來，也是「不願意冒險的參與者」。願意冒險的資本家，就會拿走他們放棄的報酬。

圖 3　圍繞著資本的利害關係人

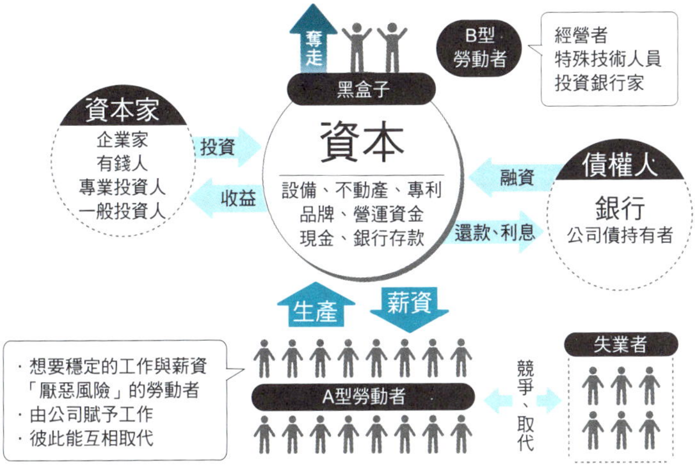

「願意適度冒險的人」，在經濟上比較有利。這很重要，一定要記住。

獵食資本家的「B型勞動者」出現了

在圖2中，我並沒有將員工標示為「勞動者」，而是標示為「A型勞動者」。儘管為數不多，但「B型勞動者」確實是存在的（圖3）。

他們能運用「經營知識」「財務知識」「複雜的技術」，在公司建立資本家無法理解的「黑盒子」，鞏固自己在公司的地位。他們以「股票薪酬」的形式，逐漸奪走原本屬於資本家的利益。

收取高額報酬的美國企業經營者，就是當中的典型。現在這年代，連資本家也不能對他們掉以輕心。

絕對不能變成「A型勞動者」！

A型勞動者有幾個特色，例如：

① 可取代性高。

② 公司叫你做什麼就做什麼。

③ 極端厭惡失業與減薪風險。

如果變成這種員工，在公司會處於弱勢地位，沒有談判的籌碼，只能對公司唯唯諾諾，屈就於不合理的低薪。最後淪為公司的「棄子」，其實也不用太訝異。

就算以正式員工的身分進入還不錯的公司，薪水比非正式員工稍微高一點，也不太會被開除，然而，一旦安於這樣的地位，就很可能一輩子都得當公司的奴隸——也就是「社畜」。

若不想淪落至此，就必須培養別人所沒有的能力，必且在工作上發揮。或是發展副業；嘗試轉職。備妥預備金，加強自己與公司談判的籌碼。

如果你只追求「跟別人一樣就好」，人生是不會幸福的。經濟會將你推向「吃虧的那一方」，好好記住了。

想當「B型勞動者」？也不要當得太徹底

專業的B型勞動者，每個人都是特立獨行，腦子就是他們最大的武器。反觀A型勞動者，就是一群缺乏特色又相似的人，彼此之間能互相取代，追求安穩，彼此競爭。

現在社會大眾普遍還沒有發現B型勞動者在公司比較吃香，而且正逐漸嶄露頭角。

追求股票薪酬的B型勞動者，與追求穩定、不冒險的A型勞動者，兩者之間的籌碼差距是很大的。

我在給你的信中提到：「現代職場處理風險的方式，已跟過去完全相反。」就是希望你注意到這一點。

在資本家（投資人）眼中，B型勞動者不是什麼好東西，需要小心提防，因為他們懂得榨取資本價值。就連資本家也不敢掉以輕心。

貪得無厭的美國企業經營者對股東巧取豪奪，其危害已逐漸引起世人的關注，我不會叫你變得跟他們一樣壞。只不過，趁著資本家不注意時，稍微殺他們個措手不及，也不是什麼壞事。

至於資本家，他們也不應該放著「黑盒子」不管，以為光憑藉金錢、地位與股權就能任意操控他人，那就太天真了。

在經濟世界中，無論是資本家或勞動者，無論你是哪一方，不動腦就只能吃癟。

好了，兒子啊。爸爸真有點好奇，為了活下去，你可以變得多「壞」呢？

股票報酬不是來自經濟成長，而是來自股價形成的過程

在本書中，投資股票的風險溢酬設定為年利率五％左右。短期利率（無風險利率）加上風險溢酬，即為投資股票的報酬。

這份高額報酬，是從哪來的呢？

股票門外漢通常以為，投資股票的高額報酬是來自於企業或經濟的成長。他們常說：「我相信世界經濟會成長，所以我投資。」

然而，實情並非如此。兒子啊，我希望你能成為懂得深度思考的人。

既然日本即將邁向人口衰退的低成長社會，那麼股市是不是會完蛋？倒也不是。

事實上，股票的風險溢酬，是在市場的股價形成過程中產生的。

以下幾句話，你必須好好融會貫通：**投資股票時，無論投資標的處於高成長或低成長狀態，都同樣有可能賺錢。投資人不應該將期望寄託於「經濟成長」，而應該仰賴「市場的股價形成機制」。**

股價，就是將未來的收益折算成現值

股價，亦即股票的價值，是將你未來所能獲得的每一股收益折算成現值的總和。

在此介紹一個好用的公式。

「假設第一期是 E，每期的成長率為 g，折現率為 r，從第一期到無限未來的折現值總和為P」，可以套入下列公式：

P＝E÷（r－g）

每個高中畢業生應該都懂得如何套入等比級數和的公式。你都上大學了，這對你而言應該很簡單吧。

舉個例子，假設有家企業發行了一億股，本期的預期淨利是一百億圓（一股的收益是一百圓），以年利率一％穩定成長。將這份未來收益以年利率六％的折現率修正為現值，則本期到未來所有收益折算成現值的總和為：

P＝100÷（0.06－0.01）＝2000

也就是兩千圓。

無論是高成長或低成長，折現率相同，則期望報酬也相同

假設折現率六%，短期利率（無風險利率）一%，風險溢酬五%，問你一個簡單的問題：

有A、B兩家企業，本期每一股的預期獲利皆為一百圓。假設A公司的獲益持續成長二%，B公司的獲益持續減少二%，那麼，兩家公司的股價各為多少？

正成長的A公司，股價是：P＝100÷（0.06－0.02）＝2500，即兩千五百圓。

負成長的B公司，股價是：P＝100÷〔0.06－（－0.02）〕＝1250，即一千兩百五十圓。

若以上述股價投資Ａ、Ｂ兩家公司，股票的期望報酬是多少？兩者的折現率都是六％。如果股價取決於成長率，折現率也相同，那麼投資「高成長、高股價」的公司，與投資「低成長、低股價」的公司，兩者的期望報酬並沒有差異。

以下的比喻可能有點自虐，但我們就假設Ａ公司的股票是經濟成長中的美國股票，而Ｂ公司的股票，則是可能會因為人口衰退而陷入負成長的日本股票。經濟低成長的日股，其股價若能因低成長而被定得夠低，就能成為不遜於美股的投資標的。投資哪一方比較有利？還真不好說。

可能有人會反駁：「可是，從以往的數據看來，經濟成長跟股價明明就息息相關。」

一般大眾會有上述印象，可能是經濟成長率發生「預料之外的變化」（上修或下修都算，反正就是出乎意料的「結果」），其效應日積月累，才影響了股價。事實上，過去三十年的日本經濟預期成長率不斷下修，經濟狀況爛透了。

分散投資，是投資人的最佳投資利器

接下來這題有點像陷阱題。

繼續沿用前一節的Ａ、Ｂ兩家公司為例，當兩者的股價都反應了預期成長率時，請問，應該投資Ａ公司，還是Ｂ公司？

答題者可能會依照個人喜好來選擇，但這一題其實很壞心眼。

金融理論的正確答案是「分散投資到Ａ、Ｂ兩家公司」。這樣就能維持六％的期望報酬，而且照常理判斷，分散投資兩支股票，風險比只投資一支股票來得小，根本找不到不分散投資的理由。

既然提供了資金，賺到無風險利率自然不在話下，而投資人的課題，就在於如何多多收集「負擔風險的相對報酬」，也就是「風險溢酬」（本書設定為年利率五％）。

答案是：利用分散投資來降低風險，以低成本的投資手段來抑制成本，並以長期投資來多多收集風險溢酬。

還有一點，就是手續費越低越好。這是常識，因為手續費是浪費錢的負報酬。綜合這幾點，就組成了投資的三原則：「長期、分散、低成本」。

你是我兒子，我希望你對此好好融會貫通，至少要懂得如何向人解釋才行。

基於以上條件，本書建議你長期投資「全世界股票指數型基金」。

投資股票，不代表「躺著賺」

我在寫給你的信中提道：「錢，就要發揮錢的功用。」我還是解釋一下這句話好了。

有些老一輩的人對股票沒好感，他們認為投資賺錢是「不事生產，只想用錢滾錢」（尤其是學校老師那類收入不高、自尊卻特別高的人，更是容易有這種想法）。

不過，如前面圖1所示，「生產」需要「勞動」，也需要「資本」，投資股票就是提供自己的錢作為資本，讓錢發揮功用，同時承擔風險，絕不是不事生產，只想躺著賺。

投資的目的就是獲得風險溢酬，我在本章也詳細解釋過，最有效率的方式，就是長期持有「全世界股票指數型基金」。

錢的問題應排除情緒，用邏輯與數學來思考

從投資理財以增加手中的錢，到各種財務問題，提到錢，總是有許多容易誤入的陷阱，或是錯誤的傳言。

為什麼有這麼多誤解？主要的論點有二：

① 錢的問題容易觸動人的「情緒」，因此，原本應該用邏輯或數學處理的問題，卻用情緒來處理，導致搞錯答案（行為經濟學方面）。

② 金融產業為了賺錢，故意散布各種錯誤訊息與傳言，進而影響到各層面（商業手法方面）。

如果對別人說的話照單全收，或是受到帶有商業目的的書籍、報導影響，就

容易犯下理財的錯誤。

面對每一個問題，都應該用自己的頭腦，以邏輯與數學來思考。錢的問題，只要金額對了就是對了，比其他問題容易解決。

將人際關係與財務問題切割乾淨

一生所遇見的人之中，總會有人向你借貸、向你拉保險、找你投資「穩賺不賠」的金融產品，或是想介紹金融業界的人給你。

金錢借貸考驗著個人智慧，依據情況不同，拒絕借錢不一定永遠都是正確解答。如果對方是你的朋友或熟人，無論是向對方借錢、或是借錢給對方，壓力都很大。我就這麼說吧：「基本上，別向人借錢，也別借錢給人」。附帶一提，「絕對不要替人作保」。

此外，朋友介紹的壽險與投資產品都不能信，記住，千萬不能跟這些東西扯上關係。

教你一句話，背起來吧：**「不好意思，友情跟金錢劃清界線，是我個人的原則。」**

保險就是「穩賠不賺的賭注」

剛開始上班的社會新鮮人，最容易犯下的初期錯誤決策，就是壽險。新鮮人很容易相信業務的話術，或是跟在保險公司上班的朋友簽下不必要的保險契約，千萬要注意。

關於保險，務必牢記兩大原則：

①保險是為了預防「發生機率很小，但一旦發生，損失將極為嚴重的緊急狀況」，而「不得不購買」的產品。

②保險的運作機制，就是保險公司占便宜，買保險的人吃虧（否則保險公司會倒閉！）。

傻傻地買保險來「保心安」是一種愚蠢的行為，但保險員最喜歡玩這種心理戰術。千萬不要被情緒牽著鼻子走。

年輕商業人士必備的保險，就是跟開車有關的保險、火災險，還有如果家裡錢不夠多、卻有了小孩，那就幫負責賺錢的人保壽險（保到小孩長大成人就好，簡單的保險即可。一定要選保險費低，期滿或解約也不會退費的類型），大概就這幾種而已。至於繼承遺產時要保哪種險，將來再想也不遲。

附帶一提，爸爸最近得了癌症，因此深度體認到：在日本，如果有健保，就不需要民間的癌症險了。只要有健保，用一般存款就足以應付醫療支出。換言之，根本不需要買保險。

「事後來看」，如果有癌症險，就能由保險費支付住院費用及交通費，感覺比較划算。但是，在「事前的決策階段」，人無法知道自己會不會得癌症，因此，既然癌症險是一種「保險公司占便宜，買保險的人吃虧」的賭注（保險公司早就把機率算好了），那麼不買癌症險，就是正確的選擇。

不懂得區分「事前」與「事後」差異的人，恐怕在保險領域之外的諸多領域，也會持續當「冤大頭」。

金錢要簡單管理，大方使用

收支管理要做到什麼程度，其實是個人喜好的問題。只要你每個月都有存一筆必要的存款（其實就是投資指數型基金），建議你就不要在意瑣碎的收支。

賺來的錢，就大方使用。尤其是自我投資，如果連投資自己都心不甘情不願，將來的自己就會變得一臉窮酸。

自我投資，不外乎：

① **知識。**

② **技能。**

③ **經驗。**

④ **人脈。**

⑤ **時間**。

如果在人生中遇到錢不夠用的時候，**與其省錢，不如想想「有沒有方法能賺更多」**。

如此一來，你的人生應該會有趣許多。

經濟實力差距來自「承擔資本風險」與「領導力」

兒子啊，接下來我要告訴你，人生應該採取何種賺錢策略。

構成社會的每個成員之間的經濟實力差距，是如何產生的呢？

其一，在於你願意讓自己的資產（包含人力資本）承受多少風險。

我說過很多次，風險規避者所提供的價值，會被願意承受風險的人吸得一點不剩，這就是經濟循環的架構。

現代資本主義的架構，就是運用私有財產（資本）來吸收高風險帶來的高報酬，而你，可以透過投資股票來參與這場遊戲。

資本家（投資人）承受了風險，所以他們並不是在做什麼壞事。整體架構建立在彼此合意的契約之上，資本的收益力就在此處發揮作用。

在現實中，還有另一種能換來收益的力量，那就是領導力。

形式不僅限於公司，在類似公司的群體之中，都至少需要一位到多位的領導者來思考群體的目的、整體戰略，以及控制群體。在群體中，他拿走比較大的經濟報酬，是比較容易被接受的。

在公司，社長拿到多一點報酬，擁有自己的社長室與祕書，就像一般社長會

圖 4　資本主義定位圖

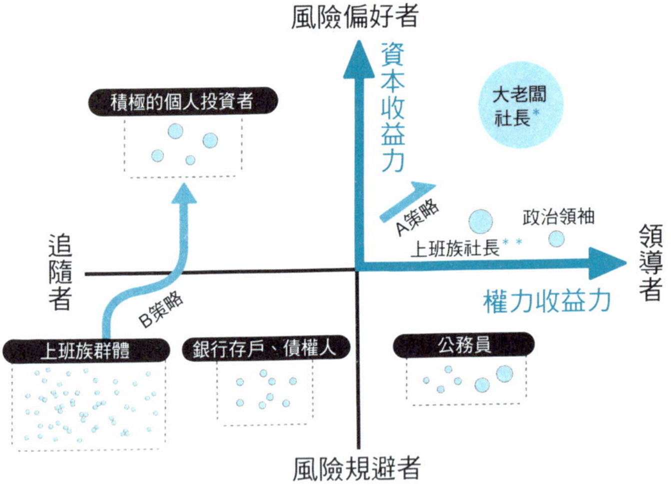

* 持有公司大部分股權，是公司內權力最大的人。
** 只持有少數股權，跟上班族一樣屬於受薪階級。

有的待遇，員工應該可以接受吧。如果是軍政府的頭頭，他既然掌握大權，應該也會得到比較多財富吧。這是領導力所換來的「權力報酬」。

有些國家的領導人雖然名為書記長、主席，實則跟「國王」沒兩樣，一手掌握全國財富。

我將上述狀況統整為圖 4，個人命名為「資本主義定位圖」。

我用箭頭來表示聚集經濟價值的力量，每個成員的經濟實力強弱則用圓形的大小來表示。這個世界的經濟實力冠軍，主要就是創業者——持有大量股票的大老闆社長，與其他人的差距簡直是天壤之別。

在現實的經濟世界中，圖中標記為「上班族群體」的地方有一大堆圓形（看起來可能有點像「圓點」），他們所提供的價值會成為養分，使經濟循環不息。這一區有許多相似的 A 型勞動者，他們很容易被賤價買入，因此容易「被經濟推向吃虧的那一方」。你一定要竭盡全力，避免陷在這一區。

人心有時會有一道跨不過的檻，難以承認自己居於弱勢地位，我希望年輕人能早點察覺到這點。一群領低薪的同事聚在一起，很容易會自我放棄，認為「人生大概就這樣了」。爸爸寫這本書給現在的你，就是希望你未來不要落到這步田地。

好了，人生不一定要成為有錢人，但希望你在經濟上不要走錯路，走上會吃虧的那條路。打個比方，假設現在有個正要出社會大展身手的年輕人，應該走哪條路才對呢？

答案是「A策略」路線，也就是自己創業，或是趁早加入新創公司，選擇願意給予員工認股權的公司就職，賺取股票薪酬。這時，你承擔的風險是賭上自己的「人力資本」。能用的東西要盡早用，別捨不得。

這年頭，即使創業失敗，或是被公司開除，都可以捲土重來，不像以前那樣必須付出慘痛的代價。這與投資不動產不同，即使失敗也不會留下負債。

如果實在沒什麼機會在工作上賺取股票薪酬，或是你提不起勇氣承擔這個風險，那至少用金融資產來代替自己承擔風險——也就是投資。如同圖4的「B策略」所示。

坦白說，那是個「龜縮」的選項。這條路線的人生比「A策略」來得無聊，而且累積經濟實力也非常曠日費時，但還是比什麼都不做好多了。

當然，你也可以將「A策略」「B策略」合併使用，這樣有效率多了。

希望你將來能適度冒險，聰明賺錢，度過快樂的人生。

第三章

還想告訴你一些事

有些話原本想留待以後與兒子把酒言談，但我的時間不多了，所以寫在這一章。說到底，兒子，你今年才十八歲，我也不知道你將來會不會喝酒。當然，無論將來喝不喝酒，都是你的自由。

總之，你就聽我講幾句吧。

職場教戰守則

好了，就如我在第一章所言，時代會緩慢變化，而且變化程度不一，在商業世界也不例外。當然，就算時代改變，仍有一些原則和訣竅是不變的。

回首過去，爸爸身為昭和年代出生的商業人士，實在有點特立獨行。我換了十二次工作，副業也做了長達三十年。我的職業生涯，簡直就是社會上說的「工作模式改革」實踐派。

然而，若要我幫自己打分數，我就是個二流以下的商業人士。你看，我不偉大，也沒有賺大錢。我希望你能想想，爸爸的不足之處是什麼。不過，回首以往，我的職業生涯還算快樂，也沒有對誰感到自卑，也不曾缺錢（雖然我認為以前應該要多賺一點啦）。

在此，我要傳授你幾項工作與賺錢的訣竅。人經常忽略某些關鍵，因而吃虧，但事後回想起來，其實都是些人盡皆知的道理。

以自己的人才價值為思考重點

工作上的大方向，就是以培育、捍衛、活用自己的「人才價值」為思考重點。這項原則不僅適用於現代，也適用於未來的世代。

從前，人只能仰賴組織的庇護，但今後光靠組織是不夠的，而且也對你不利。

人才價值取決於工作的「能力」，以及能力所創造的「業績」，再乘以你今後「擁有的時間」。公式如下：

人才價值＝（能力＋業績）×擁有的時間

即使你擁有知識或證照等工作能力，若沒有實際應用在工作上，就不會被視為人才。學習技能與創造業績都需要「時間」，一扯到「時間」，就需要「規畫」。規畫可以有效幫助我們達成目標。

能力與業績都相同的兩個人，年輕的一方「擁有的時間」（能發揮能力的時間）較長，因此人才價值較高。年紀增長，對於商業人士而言是很難熬的。

附帶一提，一個非常努力的人，人才價值的巔峰大概是三十五歲左右。

第一份工作，要選「有興趣」「不違反倫理原則」的工作

自己適合哪一種工作，多半需要實際做做看才知道。選工作就像選對象，首先，你必須問自己：這是我有興趣、能讓我埋首其中的工作嗎？再來，這份工作有沒有違反自己的倫理原則？選工作時，把握這兩項準則，如果不符合，就換工作吧。

如果這份工作不有趣、做起來不快樂，你就沒有動力打敗敵手。這在競爭上極度不利。

此外，從事違反自己倫理原則的工作，你在緊要關頭是無法昧著良心做事的。

舉個例子，證券業務員在面對個人客戶時，有些人認為：「稍微調整一下就能

讓數字更好看，做這行也是造福社會嘛！」有些人則認為：「為了讓數字更好看而說謊，這什麼爛工作！」

好了，你會選擇哪種工作呢？爸爸希望你找到一份好工作。

盡快成為「有能力轉職的人才」

舉個例子，現在AI（人工智慧）是一項眾所矚目的新技術，即使是需要專業知識的職業，幾年後也難保不會被AI取代。**建議你在入職兩年內打好工作基礎，成為「有能力轉職的人才」**。

現在你可能還沒有頭緒，但兩年後應該就知道自己該轉到哪一行了。要轉行，還是趁年輕時轉比較好。

投資自己能得到什麼？知識、技能、經驗、人脈、時間

無論是過去或未來，投資自己，都是提升人才價值的重要關鍵，也極具意義。我們在自己身上投資時間、努力與金錢，以換取知識、技能、經驗、人脈和時間。

一般而言，想獲得「知識」與「技能」，使自己比其他人更出色，提升工作能力，都必須不斷地努力。想想看，該如何吸收知識（像是閱讀最先進的論文）、學會工作技能（向前輩請教）。

說到投資自己，很多人會想到讀研究所在職專班之類的，但我不時感到納悶，畢竟這些教育機構所教的多半是「人人都能從別處獲取的知識或技巧」，而且

課堂上常常浪費時間。此外，很遺憾地，在日本，國內企管碩士在履歷上的價值並不高。若你運氣不好，面試官說不定還會認為：「這個人要不是上班太閒，就是對工作有很多不滿。」

投資自己是很花時間的。因此，舉例來說，你可以多花點錢住在離公司近一點的地方，以增加學習或社交的時間。「花錢買時間」，也是一種有效的自我投資方式。

了解自己的時間價值

注意，無論是自己的時間或別人的時間，都具備經濟價值。

假設一年工作兩百五十天，一天工作八小時，年薪一千萬圓，那麼時薪就是五千圓。年薪兩千萬圓，時薪就是一萬圓。

然而，你實際花在工作上的時間，價值應該遠高於此。

一項領域的自我投資年限是「兩年」

無論是求學或工作，只要花兩年全心努力，就能「從門外漢晉升到下一階段」。

到了這階段，你就能判斷自己適不適合該領域。如果覺得有前景，就繼續投入時間與努力。如果都投入兩年了還是不行，那麼這領域八成不適合你。

跟「聰明的人」「有趣的人」「真正的好人」來往

人脈是你的重要資產。一般而言，想要改變自己，有兩個方法：要麼換朋友，要麼改變運用時間的方式。

你要積極這三種人來往：

① 能對你產生正面影響的「聰明的人」。
② 品味好、能帶來機會的「有趣的人」。
③ 可以交心的「真正的好人」。

為此，你也必須成為這三種人的其中之一。

「守時」與「爽朗的寒暄」是人際關係的基礎

你應該知道這兩點為何重要。繼續保持下去吧。

擔任讀書會幹部

「讀書會」是擴展人脈與知識的好方法。建議你主動擔任主辦人，或是接下幹部的職務。

主導讀書會，你就能照自己的喜好挑選主題、講師、日程與讀書會成員。此外，透過打理讀書會，聯繫事項，你與成員之間的交情會更緊密，還能多少賣他們一些人情。

爸爸我直到很晚才明白這個道理。我在讀書會一直都是「被叫來湊人數的」，也安於這個身分。在商場上打滾還如此大意，真是悔不當初。

這只是一件小事，但我還是希望讓自己的兒子知道。

餐敘絕不能敷衍了事

觀察政治家的動態，會發現他們幾乎每天都在餐敘。餐敘，是商談大事的重要布局。有些人說「工作不需要餐敘和喝酒」，那多半是因為他們平常也沒有要商談什麼重要決策。

無論是職場或其他場合，餐敘的重點就是「絕不能敷衍了事」。你可能會覺得這很麻煩，但久了就習慣了。

如果你是負責找場地的人，一定要先去店裡場勘一次。只靠網路資訊找餐廳，常常不是食物很雷，就是環境不好。

此外，如果是重要餐敘，事先了解菜單、熟悉餐廳環境，不僅是必要，也是有用的談資。還有，自己先去用餐一次，還能讓店家對你留下好印象呢。

用餐時，務必養成察言觀色的習慣，隨時留意每位來賓吃了多少、喝了多少、處於何種情緒與狀態。機靈一點，視情況調整自己的用餐步調，該加點飲料就加點，該幫忙分菜就幫忙分菜。

有必要做到這個地步嗎？當然有！放心，習慣就成自然了。

此外，如果你喜歡初次去用餐的某家餐廳，記得近期內要再去一次（一個月之內），然後告訴店家：「我上次來覺得很好吃，所以今天又來了。」店家多半都會記住你的長相跟名字。從那天算起的一年內，店家都會記得你。

獨自喝酒時，要喝「比朋友聚會時高一級」的酒

每個人的體質與喜好都不同，如果你的體質適合喝酒，覺得酒很美味、酒品也好，那麼喝酒不僅是一種樂趣，也有助於人際關係。

獨自喝酒時，記得要喝「比朋友聚會時高一級」的酒。拿三得利的威士忌來比喻好了，假設你平時都跟朋友喝「角瓶」，自己小酌時，就喝「白州」或「山崎」。養成此一習慣，將來認識更高階層的人士時，必有幫助。

多了解酒的知識也很不錯。教你一招，很多人都具備紅酒的基礎知識，因此紅酒就交給其他人，你可以專攻威士忌知識就好。只要記住各蒸餾所的特性，就能在酒席間暢談無阻，而且需要背的基礎知識也不像紅酒那麼多。

重點來了，喝酒是為了「品嘗美味」，而不是為了喝醉。千萬不能酗酒！遇到

倒楣事時，更不應該喝酒。你應該與酒維持健康的關係。

此外，現今社會對於「喝酒誤事」的人，比從前更為嚴苛，萬萬不可大意。

「老爸，你哪有資格說我啊！」嗯，也對啦。放我一馬嘛。

職涯規畫的三大年齡：二十八歲、三十五歲、四十五歲

從古至今，儘管工作模式變了，人卻沒有多大改變。上班族的職涯規畫三大年齡，意外地跟從前一模一樣。

如果要寫成命令句，大概就像這樣：

・二十八歲前，決定自己的「職業」。
・三十五歲前，確立自己的「人才價值」。
・四十五歲起，準備進入「第二職涯」。

二十八歲前為邁向巔峰打好基礎

說白了，商業人士的能力巔峰就在三十歲至三十五歲。在職場上學習力佳、體力好、對工作還有新鮮感，無論是上班族或SOHO族，這段時期都有很多工作機會，最適合創造業績。

為了邁向這段巔峰時期，務必先打好基礎。

假設全心努力學習新工作需要兩年時間，那麼，選定畢生職業的期限就是：三十歲－兩年＝二十八歲。此外，很多人到了二十八歲，適應新事物的能力就會顯著下降。

開始上班後，多嘗試幾份工作沒關係，但務必在二十八歲前決定好目標。

三十五歲後再打造人才價值就來不及了

到了三十歲，每個人的能力與業績就有了顯著差距。無論是在組織內部或業界，**一個人到了三十五歲，別人對你的人才價值評價（「這個人會不會做事？」「能不能做大事？」）就不會再改變了。**

若是在大型組織，出人頭地的時間會稍微延後一點，但你在組織內部的評價依然會在三十五歲左右固定。

務必提醒自己，在三十五歲前打造自己的人才價值。

四十五歲是職涯的轉捩點

將一輩子託付給一個組織或一項工作，有點太久了。公司跟公務員的「退休年齡」可能是六十歲或六十五歲，但剩餘的人生還很長。此外，組織留給你的機會，通常是「每況愈下又無聊」。

到了四十五歲左右，就必須準備進入適合高齡期工作模式的「第二職涯」。要是慢了一步，你能做的工作範圍或規模，就會縮小一些。

你該準備的有兩項，其一是工作所需的「能力」，其二是願意買帳的「客戶」。這兩者都需要花時間累積，因此越早開始準備越好。

轉職，才能「活用自己的人才價值」

在第一章，我說過勞動市場流動性變高，有助於現代人採取較為冒險的工作模式。說得極端些，就是「換工作變容易了」。

為了自己好，你必須善用「轉職」。在職業生涯中，有時必須換工作，才能培養、捍衛、活用自己的人才價值。

轉職的三大理由

大略說來，轉職的正當理由有以下三項：

①為了學習工作技能。

②為了活用工作能力。

③為了改變生活型態。

典型的案例如下：

①二十幾歲時，為了學習工作技能、處理更進階的工作而轉職。

②三十幾歲時，為了擔任更重要的職位、獲得更高的收入而轉職。

③ 主要為四十歲以上人士，為了與生活取得平衡，或是為了準備進入第二職涯而轉職。

年齡不是重點，重點在於要知道自己究竟是為了什麼目的而轉職。

「經常」留意轉職的機會

你有什麼樣的轉職機會？能得到什麼樣的薪資待遇？你應該眼觀四面、耳聽八方，多多留意這些資訊。許多資方會分配一些資源在求才上，因此，身為求職者，絕不能漠不關心。

年齡相近的其他同業人員，或是稍微比你年長一點的人，都是你的重要資訊來源。當然，朋友的介紹很重要，但也別忘了勤於聯絡人力銀行與獵頭公司，了解轉職市場的動態。

留意轉職的「成本」

你必須留意的主要轉職「成本」，不外乎：工作空窗期的生活成本；工作空窗期導致人才價值降低；因轉職而收入短缺或損失年金、退休金等等。前兩項的影響特別大，因此，最好是無縫接軌，一辭職就馬上進入新職場。

你要記住，**「轉職就像猴子攀樹枝」。猴子抓住下一根樹枝之後，才會放掉上一根樹枝。此外，摔到地上的猴子（待業找工作的人）是非常虛弱的。**

要讓自己在轉職時無後顧之憂，你可以降低生活成本，備妥生活預備金，也可以找一個願意暫時在生活上支援你的伴侶。但如果沒有，也不要安於現狀，否則人生豈不是很無聊嗎？

「船到橋頭自然直！」有時候，我們也需要放膽去做的勇氣。

不要放掉任何做副業的機會

只要有機會做副業，就算收入不多，也應該去嘗試。寫稿、設計、寫APP、市調、顧問、賣東西、去小吃店打工……副業的選擇多不勝數。

即使只是小小的副業，只要有收入，人就會有幹勁，也會更有自信。有時，副業甚至能為你將來的正職提供養分。

不要只安於一份正職，也要開創「另一個不同的世界」，這將為你帶來莫大益處。

時時檢視自己的正職與副業

無論是正職或副業，都應該時時檢視「這份工作（或做法），是不是跟不上時代了」。

依爸爸的經驗看來，即使是一份好的企畫或副業，過了十年，通常都沒什麼競爭力了。屆時，只能改變客群、改變做法，或是投入新工作。

兒子啊，現在跟你講這個還早，但你應該時時檢視自己的工作生產力是否下滑，並且調整、補強。

工作與生活的平衡要「適度」

許多成功人士在飛黃騰達後會說：「人生還有比工作更重要的事。」這句話沒有錯，但絕大部分的成功創業者，年輕時都是「工作狂」。

事業要成功，勢必得經過一段埋頭苦幹的高度集中期。當然，健康與家人也很重要。

我只能說：工作與生活的平衡要「適度」。

錢，賺得夠用就好

爸爸說過「賺錢要賺得聰明」，但從來沒說過希望你賺大錢，變成大富豪。沒有人希望因為缺錢而限縮選擇，但也沒必要為了賺錢而賭上整個人生。舉例來說，如果你能藉由喜歡的工作來賺取足夠的金錢，那就夠了。

當然，要賺多少才足夠，取決於你自己，不必與別人相同。

別忘了機會成本

一般的理財書，在上一小節就差不多可以結束了，不過，你再多聽爸爸說幾句話吧。

人生的各項決策，都不能忘了考量「機會成本」，也千萬別計較「沉沒成本」。這事人人都知道，許多人卻辦不到。

選擇某項機會而必須放棄的最大利益，就是你為此機會所付出的機會成本。

舉例來說，假設你去讀研究所，那麼上研究所的總成本，除了學費之外，還得加上你在這段期間去工作所能得到的預期薪資、技能與經驗，這些都是機會成本。

別計較沉沒成本

所謂沉沒成本，是指已經發生、不可挽回的成本。**做決策時，正確的做法是**

忽視沉沒成本，只全心關注可改變的未來。

就拿建築工程來說吧。過去的花費都是沉沒成本，今後只需要考量接下來的必要成本與完成工程的預期利益，兩相比較之後，有利潤就繼續，划不來就打住，這才是對的。過去花費多少成本，根本無關緊要。

若以投資來比喻，如果你持有的股票和信託基金跌價（評價損失），那就是沉沒成本。

忽視沉沒成本，只看未來，才是正確的行動方針。

個人喜好放一邊，是評論事物的訣竅

最後，爸爸身為經濟評論家，要傳授你一招我獨門的「工作訣竅」。

方。

評論事物的訣竅就是：將個人利益與好惡放一邊，綜觀全局，找出失衡的地方。

要將自己的得失、生活的真實感受、對人與國家的好惡完全擱置一旁，確實不容易，但習慣了也挺有趣的。

我想，你應該不會想當經濟評論家，但還是姑且跟你說一下。

終章

小小的幸福論

爸爸要藉這個難得的機會，說一下自己對「幸福」的看法。

其實，幸福的關鍵要素只有一個

大部分的人都祈求幸福，那麼，感到幸福的「關鍵」或「標準」是什麼呢？許多前人都思考過這個問題。

爸爸對這個問題，暫且得出了一個結論。

我個人認為：人的幸福感，幾乎百分百來自於**「覺得自己得到了認同」**（姑且稱為「自我認同感」）。

以現實情況而言，人無法省略食、衣、住的成本，因此或許需要一些生活上的「寬裕」（金錢），但這並不足以成為幸福的關鍵要素。此外，「健康」比較特殊，在此暫不討論。

金錢與自由可以互換，但這樣算幸福嗎？

「自由＋寬裕」「財富＋名聲」「自由＋寬裕＋人際關係」「自主權＋好的人際關係＋社會貢獻」「自由＋寬裕＋異性緣」……我思考過多種排列組合，但每種組合都感覺少了什麼。

讓我們用更全面的角度觀察看看。

舉個例子，一般而言，能夠做自己想做的事（意即擁有很多自由）是一種幸福。然而，靠著做喜歡的事情來賺錢，換取寬裕的生活，並不容易。

反之，咬牙逼自己做不喜歡的事情來賺錢，反而比較容易賺大錢。

圖 5　金錢與自由的定位

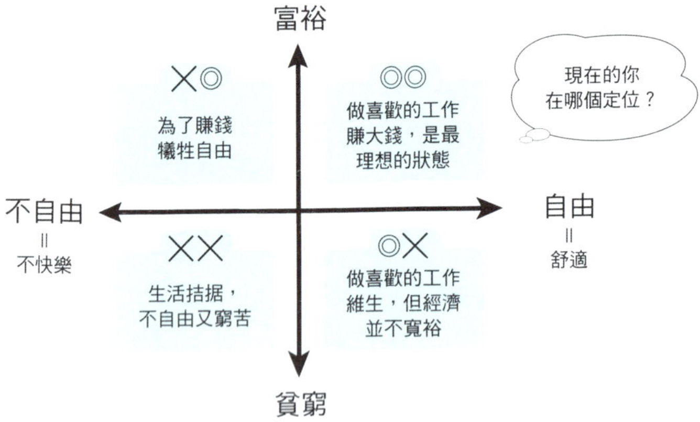

儘管犧牲自由來換取金錢，但只要有錢，就能去任何想去的地方、住大房子，甚至還能得到「年輕貌美的另一半」（先不管目的為何），等於是得到更多的自由。

如圖5「金錢與自由的定位」所示，假設從左下角出發，你是要以順時針方向前往右上角，還是以逆時針方向前往右上角？

看起來，世上大多數人都是選擇逆時針。

只要時間夠長，金錢與自由就能夠互換（圖6）。

圖 6　變更定位的結果

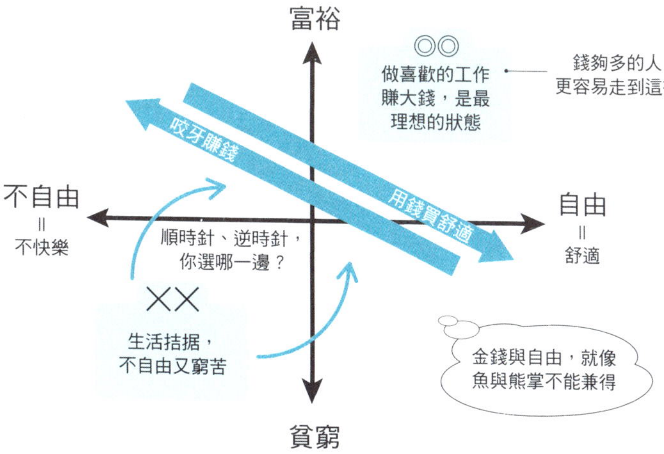

附帶一提，爸爸回顧自己的職業生涯，大概就像圖 7。大略說來，算是逆時針。

我的金融人生後半段（轉職到外商證券公司之後），有段時間並不是很快樂。直到擔任評論家的時間變多、得到更多的自由，我才變得比較快樂。

圖 7　爸爸的人生回顧

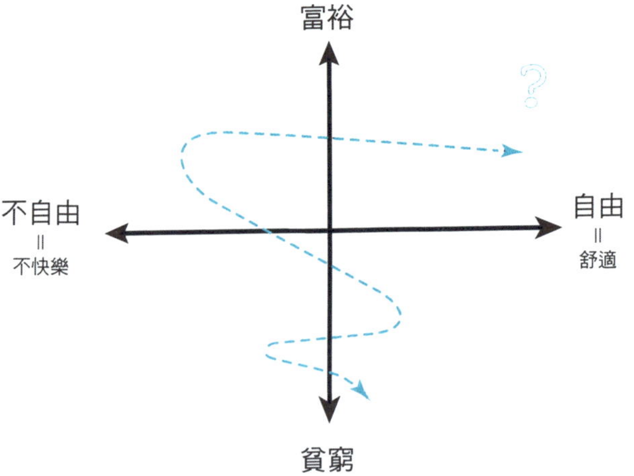

沒異性緣的男人看起來不幸福

關於幸福，我試過以不同的「標準」做各種排列組合。

結果，「異性緣」這一項很特殊，而且意外地似乎非常重要。

可以體驗各種事物的自由、住大房子的自由，這些都可以用錢買到。社會上的名聲？想買也不是買不到，甚至連某種人際關係都是可以用錢買到的。

然而，唯有「天生桃花旺」這項條件，很難用金錢買到。不僅如此，如果桃花旺是「後天加工」而來的，反而會使當事者的心態變得扭曲。

爸爸的觀察很難不偏向男性觀點，但很多男人都有一種「這個男的沒異性緣，個性又難搞」「這個男的年輕時沒異性緣，所以性格才怪裡怪氣的」，甚至連社會上的名人和成功人士都不例外。我不能說是誰，但明眼人都看得出來，那個人跟這個人都是因為沒異性緣，性格才這麼扭曲。

爸爸在二、三十歲的時候也曾經很缺桃花，所以體驗過類似的苦楚。不過，我當年缺桃花的情況，還沒有嚴重到使我的性格扭曲，真是萬幸（我是這麼認為啦，別人怎麼看就不知道了）。

過了那段時期，我變得沒那麼在意「異性緣」，情況也稍微有了改善。因此，我自認了解「魯蛇男」的心態，也有點明白「桃花男」的心情。

我不知道在女性心中，「異性緣」究竟有多少分量，但我猜，重要程度應該跟男性差不多。

我經常看介紹動物生態的電視節目，牠們在嚴苛的環境中出生，運氣好的可以順利長大，卻多半死在爭奪配偶的競爭中。雄性尤其如此。我想，人類的情形也差不多吧。

沒異性緣的男人，看起來是不幸福的。

同儕的讚賞極具價值！

這麼說來，人類幸福感的根源，有可能就是來自於「異性緣」囉？別急，再來看看別的例子。

很多人感到納悶：「那些在經濟學系名列前茅的學生，在企業界應該可以賺大錢，為什麼有些人偏偏想成為經濟學家？這不是違反經濟原理嗎？」

理論上，效用函數*適用於各種狀況，所以這並不會「違反經濟原理」，但說來也的確奇妙。

他們選擇成為經濟學家，大概是因為覺得「研究經濟學的自己」很有價值，也覺得「同儕的讚賞」很有價值吧。

應該有不少經濟學家認為：「與其得到一輛法拉利，還不如寫出一篇好論文，刊在最頂級的學術雜誌上，得到同儕的讚賞，這樣開心多了。」

得到「同儕的讚賞」，比得到鉅額的經濟報酬更令人喜悅。

此外，「同儕的讚賞」並不是只有在經濟學界才擁有高價值，在其他學術領域也多半如此，各種技藝或運動、文學、藝術也不例外。

---

* Utility function，簡單說來，就是用來量化人類價值觀的數學模型。

若是有人敢大聲說：「我不在意同儕的評價，我有自己的作品（研究）就夠了。別人的評價與我的幸福無關。」我會回答：「不是喔，誠實面對自己的內心吧。」

你的價值觀，九九%來自其他人的觀念

說起來，無論是學術、藝術、運動或電玩遊戲，從古至今，每個領域都是由別人一路打造的。哪種作品具有藝術性、哪種研究才是有價值的研究……諸如此類的價值標準，儘管並非一切都是他人說了算，卻也確實受到他人的價值觀（也就是他人的看法）所影響。

人們以為自己的價值觀來自於自由意志，是自己塑造的，但其實，我們只是

在他人建構的價值觀中加上一點點自己的觀點，或是從幾個選項中選擇一項而已。

不談特定的專業領域，光是「動人的佳句」或「正義」之類的價值判斷，就受到從古至今的主流標準所影響。

人類沒有那麼先進，無法只靠自己形塑價值觀，達到自我滿足。

證據就是，那些高喊「我不在意他人評價」的人，還不是照樣把藝術作品和論文拿出來公開發表！

成是同儕評價，敗也是同儕評價

人都喜歡受到同儕的讚賞，這是好事，但現實中卻經常引發問題。因為它的效果太強了。

舉個例子，金融業員工之所以昧著良心，將高手續費的商品賣給比較好騙的銀髮客戶，就是為了提高人事評價，在組織內出人頭地。

財務省官僚不惜在錯誤的時機增稅，也是為了提高「同儕間的評價」吧。真是無聊又麻煩啊。

上述行為都是為了追求正面評價，另一方面，如果遭到同儕徹底貶抑，受到霸凌，說不定會將當事人逼上絕路。

利用「自我認同感」來操控他人

利用自我認同感來操控他人，最大規模的成功案例就是宗教吧。

一般人認為，恐怖攻擊的自殺炸彈客就是被宗教洗腦，相信「來生有福」，才會不惜自我犧牲，發動恐怖攻擊。但真是如此嗎？

我認為，宗教的「作用」，並非使信徒期待來生有福，而是在今生得到同儕的認同。

我不敢說是「所有」宗教，但許多宗教能建立規模，並不是因為信徒真的相信來生有福，而是今生在宗教團體內得到了自我認同感——亦即「今生有福」。或許對某些信徒而言，他們寧願自我了斷，也不願意在那一刻失去同儕的認同。「不能說有，卻也不能說沒有」的「來生」，只是一種精神上的逃避方式罷了。

假設有一個很孤單的年輕人，或是長者，你賦予他「歸屬」和「使命」，並創造同儕間互相評價的結構，那麼，所謂的「洗腦」也不是難事了。

拿宗教來比喻職場或許有點極端，但退休的銀髮族群，常常就是因為離開了公司、職場，也就失去了歸屬，才會引發各種問題。

「狡兔三窟」很重要

記住，人其實是很容易被操控的。為什麼要記住這件事呢？當然是為了避免無意間被操控啊。

你必須同時擁有數個歸屬，才能行使自由意志。過於投入單一「學界」或單一「公司」，是會出問題的。

理想狀況，就是你在公司之外還有一個更重要的歸屬，使你覺得「只要有這裡，失去公司也沒差」。想得到這樣的歸屬，必須付出一定的努力與時間，你要牢記在心。

「愛比較」是個難解的問題

自我認同感有個很難避免的問題，那就是「愛跟別人比較」。

如果自己的能力只是「普普通通」，就無法同時感到安心與滿足。那該怎麼辦呢？答案是刻意「壓抑」自己的比較心。

像爸爸我就會刻意告訴自己，不要跟別人比名下有多少房產。

然而，要在心中完全劃除跟別人比較的念頭是很難的。

因為幸福感總是很容易被打斷。

挑出幾個主題，為自己增加二〇％的自由

即便人都容易受到他人的價值觀所影響，但也不需要配合他人，被別人牽著鼻子走。尤其在經濟上，更需要刻意避免「從眾」，這我在第二章已經說明過了。

爸爸我能給兒子的建議就是：在各方面，都要試著爭取比別人多二〇％的自由。

比如工作模式、思想、家庭關係、運用時間的方式、興趣、戀愛、交友關係等等方面。即使偶爾因此跟別人發生摩擦，但也只是多二〇％的自由而已，多數人應該都會原諒你。

不僅如此，別小看這二〇％的自由。每一項增加二〇％，幾項組合在一起，威力會擴大好幾倍，進而大幅擴充你的自由範圍，讓你成為一個有趣的人。

鼓起勇氣，擴大自己的自由吧。

遇到開心的事情，就編成一句話

我認為所謂的幸福，並不是取決於一生功績，而是取決於日常生活中的體驗。「回首過去，我真是幸福（或不幸）啊！」這種想法與觀念一點也不正向，畢竟它是「沉沒成本」嘛。

珍惜日常生活中的每一天、每一刻，幸福感就來自你「那一刻的感受」。

此外，你也要留意哪些事情使你開心、感到幸福，最好將它編成一句話。

在爸爸的經驗中，我察覺到一件事：當我和別人分享自己的新發現時，別人的正向回饋會令我非常開心。

這只是一點小小的虛榮心，看起來沒什麼，對吧？但是，仔細想想，工作的成就感好像多半就是如此。

因此，我試著將這件事編成一句話：

「我的座右銘是：將正確的事，最好是有趣的事，傳達給許多人知道。」

簡單易懂，我很喜歡。

兒子啊，爸爸建議你也試著將自己開心的時刻編成一句話，如果做得好，會感到很暢快唷。

「桃花旺」的祕訣只有一個

我不是在前面說過，天生桃花旺的男人看起來很幸福嗎？但是該如何辦到，兒子，我還沒告訴你呢。

不過，你應該也知道，坦白說，爸爸並不是「桃花之道」的大師或高手，但若只設目標又不提出方法，那也太沒誠意了。以下僅為我個人的假設，想增強異性緣，應該掌握這項訣竅。

這項訣竅就是：**專心聽對方說話，並展現出聽得津津有味的樣子。**聽就對了！這就是重點，你也可能只需要做到這點。

千萬不要自說自話，人一旦談論起自己，總免不了混雜著自傲與自我推銷，這是大忌。

在爸爸的觀察中，那些喜歡自說自話的男人，簡直是桃花絕緣體，而且條件優異者也不例外。或許，這也是爸爸年輕時不受異性青睞的原因吧。我這人就是最具說服力的負面教材。

我認為這項假設還算有用，但驗證的樣本數不足。兒子啊，持續驗證與發展理論的任務就交給你了，加油！

快樂過日子！

以下是結論：

當個桃花旺的男人；珍惜朋友；快樂過日子！

謝謝你，聽爸爸講完這麼長一席話。

附錄

寫給長大的你

給兒子的一封信
（全文）

在此，將刊登本人寫給兒子的信件全文。當中有若干修正，但絕大部分維持原貌。

這封信本質上是祝賀信，同時也是父親獻給成年兒子的感謝狀。大意是：長大成人就夠孝順了，你以後想做什麼都可以。

除此之外，我也解釋了自己的教育理念。我意外地很少提到這個，所以在此提供各位參考。

在信件中，我額外附加了十幾行左右的文字，講述未來的工作模式與賺錢方法，畢竟我是經濟評論家，所以忍不住就加上去了。相關部分在信件中標示為不同顏色，本書的主要內容，其實就是這十幾行文字的詳細說明版本。

寫給長大的你：

賀詞

在此，我要在各方面對你說聲「恭喜」。

恭喜你前幾天過生日，恭喜你從海城高中順利畢業，更重要的是，恭喜你考上東京大學，即將成為大學新鮮人。仔細想想，你應試的時候是十七歲。比別人早出生比較吃虧，你卻能跨越難關，金榜題名，真是不簡單。

考上東京大學，有幾項重大意義。

就我個人而言，最開心的就是自家兒子努力達成自己設立的目標。一連串的努力與達標，將成為你人生的信心來源之一。擁有這項經驗，意義非同小可。

畢竟東大是大學第一志願，既然你考上了，將來就不必擔心學歷不如人，等於幫自己打了一劑強心針。

此外，就現實層面的利益而言，東大的同學應該比較有趣。舉個例子，相較於「偏差值六十六～七十」的群體，「偏差值六十八～無上限」的群體，在課業與課外活動方面都有較多的多元人才。當中的聰明人，通常也是有趣、個性好的人。他們不會扭扭捏捏，因為對自己有自信，想認識誰也會大方展現出來。如果你遇到一群「聰明又有趣的人」，不要害怕，勇敢地加入他們。即使你不是那領域的天才，也一定有你能發揮所長之處，天才們會罩你的。久而久之，你的水準也會隨之提升，他們會成為你的珍貴人脈。

考上大學，是你為自己努力、為自己爭取而來的成果。話雖如此，作父母的也連帶得到了好處，那就是心情好！作為母親，在社會上從此多了一項頭銜，那就是「東大生的母親」（在此先不做價值判斷）；至於父親，別人也會讚美一句：「真是虎父無犬子。」這項讚美，我就心懷感激地接受了。

此次金榜題名，媽媽日常的貢獻功不可沒。媽媽每天幫你做便當，參加家長會活動收集資訊，聽你訴說酸甜苦辣。你身為考生，有這樣的媽媽是你的福氣，可得好好感謝她。

教育理念

在此，爸爸要寫下自己對於你的教育理念。

坦白說，我一直想要一個「像自己的兒子」。兒子出生時，我開心得不得了。說來平凡，但也是事實。

養育自己的兒子，我最希望的，就是不要在小孩的成長過程給予太大壓力。或許你認為：「哪有，我壓力超大的！」但我這個作爸爸的，確實是這麼想的。或許我倆在認知上有落差，但你就先聽我說吧。

我的母親很愛我，但對我也很嚴厲，小時候我在她的「愛與脅迫」中成長。拜此所賜，我的腦袋不錯，也很會看人，但也養成了悲觀、自我認同感低落、對自己與他人都嚴苛以待的討人厭個性。我也不是沒想過，若是當年母親能稍微放任我一下，不知會有什麼不同。我考上東大的主要目的之一，就是為了搬離家裡，遠離母親。

男生早點搬離家裡是有好處的。因為你必須遠離母親的價值框架。雖然經濟效益不好，但我還是非常希望讓你離家獨居，這是爸爸的最後一條教育方針。現在的你，這麼做是有價值的，你會早幾年變成名符其實的大人，這會帶給你相當大的優勢。

附帶一提，我的父親以前是老師，因此參與了兒子大部分的成長過程。只要是兒子有興趣的東西，他一定要什麼給什麼，也十分有耐心地陪兒子玩傳接球、教兒子騎腳踏車。儘管兒子聰明又難搞，他還是努力與兒子分享自己的思想與處事之道。我出生時，富士彥（注：作者的父親）才三十二歲，因此體力充足，從教職中培養的教育理念也恰到好處。老實說，相較於我父親對兒子的貢獻，我簡直望塵莫及。身為人父，我的分數實在不高。

即使如此，我還是做到了一點點「男孩子的父親」該做的事。至少我自己感覺是如此。很感謝你讓我有機會品嘗這份滋味。

沒料到十年前我的肩膀就不行，是我失算，但我還是跟兒子玩了傳接球。我教你騎腳踏車；足球我一竅不通，所以只能盯著球發呆。我們好像也打過桌球？將棋成為我們共通的興趣，算是意料之外的收穫。我還陪你去看蛋蛋門診，這也是父親的職責之一。

反之，我在課業方面完全沒有幫上忙，而且我也刻意不指導你的課業。畢竟我完全沒自信能教好自己的小孩，自認一定會造成反效果。我想，這點你應該也明白。

關於你的課業，首先，你能找到喜歡的事物（像是火車）並主動學習，我已經鬆了一口氣。接著，你又不斷努力，最終在中學考場上成功發揮實力，又令我放心不少。在那之後，你在我期望的人生軌道上，走得比我想像中還穩健。你是個有毅力的人。

準備大考很辛苦吧？你很想把時間投注在別的領域吧？說得極端些，以經濟層面而言，你將時間花在課業上，是性價比最高的選擇。一般人多半也是如此。

全世界競爭如此激烈，為了比別人多一點本錢而多讀一點書，應該是最能將時間與努力化為成果的「有效投資」。不要在沒興趣的領域努力，效率很差，你只要在有興趣的領域努力就行了。

關於你的將來

你將來該怎麼走呢？

我對你沒有任何要求，也不會給你任何指示，想做什麼就去做吧。

只要你高興，大學休學也無妨。大學就結婚生小孩，帶孫子來見我也很有趣。你也可以當詩人、當藝術家（有沒有才華暫且不論）；搞革命也沒問題。即使你做的事是違法的，只要我能理解你的用意，我就會站在兒子這一邊。

身為父親的我，想做什麼會自己去做，不需要你繼承爸爸的理想或事業，你完全不需要顧慮「爸爸的想法」。

我十分期待你的將來，也很好奇你以後會做什麼，但你只要健健康康活著，我就心滿意足。活到十八歲，就已經夠孝順了。

你應該也知道，日本的法定成年年齡是十八歲，但多數人在十八歲的時候都是乳臭未乾的小鬼。不過，我希望你能早點長大。

儘管還不習慣，我也依然希望將兒子當成一個成年人，尊重待之。我反常地在信封加上「先生」兩字，並在信中提稱語使用「大鑒」，就是為了這個原因。

我很慶幸兒子順利長大，長得也比爸爸高，還考上我以前想進的東大理組，將棋功力也算強。至於個性，則是比我這個爸爸好多了。就我而言，有個「升級版」的子孫，帶給我一種奇妙的「生物學層面的安全感」。這次我罹癌，儘管情況很不樂觀，我的心情卻不受影響，多半是拜此所賜。

在此給你一個建議，小孩還是早點生比較好。像我就有點晚了（包含我的第一次婚姻）。我捨不得放棄自由，因此晚婚，但即使結婚、生小孩，還是能過得自由。

這話公開說出來可能會被罵，但我覺得兒子尤其好。當我覺得兒子可愛的時候，總會想到：以前我父親，是否也覺得我很可愛？我強烈建議你也生個兒子。

至於工作，只要你對這份工作有興趣，不違反你的價值觀，做哪一行都可以。有趣就繼續做，不好玩就換工作，就這麼簡單。你很擅長面試，換工作應該難不倒你。

至於賺錢，關鍵就在於「善用股票」。自己創業也好，加入新創公司也行，或是轉職到願意給予員工認股權的公司都好。

在我的年代，出人頭地、成為某領域的專家，然後「高價販售自己的勞動時間」，算是最穩定可靠的做法，但時代已經變了。善用股票薪酬才聰明。

不要遵從「磨練自己、避免風險、腳踏實地賺錢」的老生常談，應該學習新時代的賺錢訣竅。投資自己也是同樣的道理，如果一件事情有風險，但失敗了並不會使你致命，那就應該大膽去做，並承受風險的代價。現代處理風險的方式，已跟過去完全相反。

如果你在工作上沒有什麼接觸股票的機會，長期投資指數型基金，將是平衡效率與風險的最佳投資選擇。這方法誰都做得來，而且也比其他看起來很炫的投資方式優質多了。錢，就要發揮錢的功用。

以上建議說來平凡，但我還是以經濟評論家的身分書寫於此。我非常期待你今後的發展。

關於我的今後

今後我要怎麼走呢？

我的基本原則，就是先推算出自己還剩下多少時間，再選出當下的最佳行動。在我剩餘的時間裡，我有幾件「想做的事情」。

我想做的事情有三大重點，那就是：（一）將正確的事，（二）最好是有趣的事，（三）傳達給許多人知道。

比別人更早察覺經濟架構與金融產業的陰謀，並盡可能以辛辣且不失幽默的風格傳達給社會大眾，能帶給我成就感。我的每一本書、每一篇文章，都是以此為出發點。

舉個例子，假如我有充足的時間與能量，我想挑戰推出一種商業服務，那就是「行銷排毒」。所謂行銷，就是「把一堆沒什麼價值的東西高價賣出的綜合技巧」，也可說是「敲竹槓的技巧」。拜行銷所賜，消費者被迫以不合理的價格買下不需要的東西。

如果有一種服務能使消費者對行銷手法免疫，就能為消費者帶來經濟利益。既然能提供利益，就能成為一門生意。我想要設計出一套架構，以適當的價格提供這項服務。

然而，要將這個點子化為一門生意，並對世界造成影響，必須付出龐大的時間與努力。這項計畫少說也要十年，坦白說，我沒自信能再活十年。

就現狀而言，我應該會選擇短時間內也能得到成果的計畫。

我搬離池袋的家，在外獨居，是為了擁有更多的時間與自由。關於工作、興趣與生活，還有很多想法等著我實踐。這幾年我比較少將時間投注在興趣上，實在值得反省。

我不知道自己能完成多少，但希望你對爸爸接下來的行動拭目以待。

以上

後記

我想對子女這一代年輕人講的話，已經透過本書傳達完畢。我對此心滿意足。

在此向各位讀者坦承，我在二〇二二年夏天得知自己罹患食道癌，儘管歷經手術治療，卻在二〇二三年春天再度復發。五月，身體狀況直線下降，我自己與親友都不確定能否再撐三個月。

當時我心想，如果還能再撐三個月，一定要完成三件事，其中之一，就是完成本書。所幸，我的身體在那之後好轉了一些，因此現在才能寫這篇後記。剩下的兩件事皆已達成，或許拜此所賜，我才特別感到滿足。

那麼，讀者們如何看待本書呢？

說來幸運，我有一個剛上大學的兒子，我將這十八年來的點滴，寫成一封父親獻給兒子的感謝狀。本書的創作初衷，就是將寫給兒子（以及下一代年輕人）的話，匯聚成書。

或許有讀者認為：「你太寵兒子了吧？」在此聲明，實情並非如此。

我在信中說兒子這十八年來多麼可愛、多麼值得讚美，而且也夠孝順了，字字屬實。

不過，那封信與本書，其實也是一種父子訣別書兼信物，旨在告訴兒子：你接下來就是「大人」了，一切都必須自己做決定，並對結果百分百負責，照你的意思過活吧！

我衷心盼望，本書除了能幫助兒子與讀者處理經濟問題，也能成為終生適用的「快樂人生指南」。

好了，最後，我要分享關於「幸福」的「祕訣」。

那就是：**幸福是當下的感受，而不是「取決於一生功績」**。

後。

「當事者」直到最後一刻都能體驗幸福，而「一生功績」，卻無法陪你到最後。

換句話說，人可以為幸福努力到最後一刻，但「一生功績」只有「別人」看得到，而且也帶不走。以我個人而言，無緣看到將來的種種，固然「可惜」，但也沒必要捨棄「希望」。

簡言之，人只要坦率面對「幸福」與「希望」即可。我在寫給兒子的信最後寫下「想做的事情」，用意就在於此。

希望兒子與各位讀者，都能得到幸福。

誠摯感謝！

山崎　元

日本編輯部的話

本書的藍本，是山崎先生在二〇二三年春天，寫給兒子的大學金榜題名祝賀信。

「我個人覺得寫得滿好的，你們參考看看，或許能成為一項企畫。」山崎先生將信件提供給編輯部。我們認為當中融入了山崎先生的人生哲學，寫得非常好，因此懇求山崎先生以該信為藍本，留下一些給年輕人的訊息。

山崎先生在對抗病魔的同時，依然筆耕不輟，在完成後記後，於二〇二四年一月一日與世長辭。

感謝山崎先生長年來以深入淺出的幽默筆鋒，向社會大眾傳達許多資訊與觀點，在此願您安息。

Eurasian Publishing Group
圓神出版事業機構
用心與你對話・視野無限寬廣
先覺出版社
Prophet Press

www.booklife.com.tw reader@mail.eurasian.com.tw

商戰系列 253

經濟評論家父親給兒子的一封信：
關於金錢、人生與幸福

作　　者／山崎元
譯　　者／林佩瑾
發 行 人／簡志忠
出 版 者／先覺出版股份有限公司
地　　址／臺北市南京東路四段50號6樓之1
電　　話／（02）2579-6600・2579-8800・2570-3939
傳　　真／（02）2579-0338・2577-3220・2570-3636
副 社 長／陳秋月
副總編輯／李宛蓁
責任編輯／劉珈盈
校　　對／林淑鈴・劉珈盈
美術編輯／林雅錚
行銷企畫／陳禹伶・黃惟儂
印務統籌／劉鳳剛・高榮祥
監　　印／高榮祥
排　　版／陳采淇
經 銷 商／叩應股份有限公司
郵撥帳號／ 18707239
法律顧問／圓神出版事業機構法律顧問蕭雄淋律師
印　　刷／祥峰印刷廠
2025年3月　初版
2025年4月　2 刷

Keizai Hyoronka no Chichi kara Musuko heno Tegami
Okane to Jinsei to Shiawase ni Tsuite

First published in Japan 2024 by Gakken Inc., Tokyo
Traditional Chinese translation rights arranged with Gakken Inc.
through Future View Technology Ltd.

定價350元　ISBN 978-986-134-527-7

不要遵從「磨練自己、避免風險、腳踏實地賺錢」的老生常談，應該學習新時代的賺錢訣竅。投資自己也是同樣的道理，如果一件事情有風險，但失敗了並不會使你致命，那就應該大膽去做，並承受風險的代價。

現代處理風險的方式，已跟過去完全相反。

——《經濟評論家父親給兒子的一封信》

國家圖書館出版品預行編目資料

經濟評論家父親給兒子的一封信：關於金錢、人生與幸福／
山崎元著；林佩瑾譯 . -- 臺北市：先覺出版股份有限公司，2025.03
192 面；14.8×20.8 公分
ISBN 978-986-134-527-7（平裝）
1. 職場成功法　2. 工作效率　3. 理財　4. 投資

494.35　　114000197